두 배 쉬워지는
애 둘 육아 수업

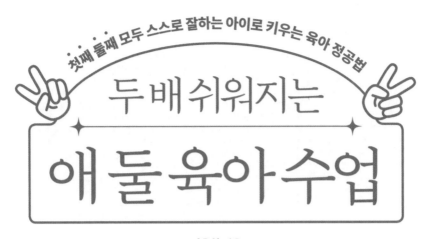

첫째 둘째 모두 스스로 잘하는 아이로 키우는 육아 정공법

두 배 쉬워지는
애 둘 육아 수업

이윤희 지음

래디시

어떤 순간에도
배수의 기쁨을 누리게 되길 바라며

원고를 쓰며 제 책을 읽게 될 독자분들을 상상해 보곤 했습니다. 치열하게 육아 중인 초보 부모의 모습을 떠올리기도 했고 둘째를 낳고 생존 육아 중인 두 아이 부모의 모습을 떠올리기도 했습니다. 그때마다 지독히도 힘들었던 저의 모습이 겹쳐 보였습니다. 그리고 자신을 탓하며 하루하루를 살아내고 있는 분들께 위로와 응원의 마음을 전해주고 싶다는 생각이 들었습니다.

저는 양가 부모님의 도움을 받지 못하고 회사 일로 바쁜 남편에게 기대지 못한 채 홀로 아이 둘을 키워야 했습니다. 그렇기에 아이들이 스스로 잘하도록 가르치는 것은 꼭 해야만 하는 과정이었습니다. 수면 교육, 식습관 교육, 습관 만들기 등은 아이 둘 육아를 더 쉽게 만들었죠. 하지만 책에서는 쉬워진다는 표현을 담기가 조심스러웠습니다. 육아란 결코 쉬운 영역이 아니니까요. '나는 이렇게 힘든데 저렇게 쉽게 말할 수 있을까?' 하는 마음을 줄까 봐 염려되는 마음도 있었습니다. 하지만 제가 육아로 고생하는 수많은 부모를 꾸준히 상담하며 받은 피드백의 8할은 '덕분에 육아가 쉬워졌다'는 것이었습니다. 그리고 이 모든 것은 '아이가 스스로 해내는 자조 능력'과 깊은 관련이 있습니다. 결국 부모를 위한 일은 아이를 위한 일이 되고, 아이를 위한 일은 부모를 위한 일이 된다는 점에서 어떻게 보면 아이 둘을 낳은 덕분에 육아의 방향을 제대로 잡을 수 있었다고 생각합니다.

제가 지금부터 책에서 소개하는 이야기는 아이 둘을 양육하는 부모뿐만 아니라 아이 하나를 양육하는 부모에게도 꼭 필요한 이야기입니다. 아이에게 적용되는 수면, 식사, 훈육, 습관 등의 요소는 아이가 하나든 둘 이상이든 동일하기 때문입니다.

저는 이 책이 많은 분을 살리는 책이 되길 소망합니다. 둘째를 낳고 집에 오자마자 정신없이 휘몰아치는 아이 둘 육아에 지친 부모에게, 아이를 재우다 화를 내고 자책하며 눈물로 밤을 지새우는 부모에게, 안 먹는 아이를 붙잡고 밥 먹는 내내 씨름하느라 전쟁 같은 하루를 보내고 있는 부모에게, 스스로 하는 걸 어려워하는 아이를 키우는 부모에게 명쾌한 해결책을 알려주고 싶습니다. 그리고 책을 덮었을 때 '나도 해보고 싶다'라는 마음을 갖게 되길 바랍니다.

이 책에는 서툴기만 했던 초보 엄마가 첫째 아이 우주를 만나 여섯 살이 될 때까지 겪은 현실 육아가 담겨 있습니다. 또한 둘째 아이 은하를 네 살까지 키우며 느꼈던 제2의 육아 인생도 담겨 있습니다. 아이 둘을 낳고 많이 사랑하고 싶었으나 그게 참 어려웠던 그 시간을 돌이켜보니 그때도 전 아이들을 사랑하고 있었다는 생각이 듭니다. 그 마음을 담아 육아 꿀팁과 더불어 쉬어가는 마음으로 읽을 수 있는 에세이를 덧붙였습니다.

저는 이제 생존 육아라는 큰 산을 넘었습니다. 고맙게도 제 마음에도 여유라는 자리가 생겨났습니다. 두 아이 육아는 두 배가 아니라 백 배는 힘들다는 이야기를 많이들 하지만, 시간이 갈수록 배수의 속도로 좋아지는 것을 느낄 수 있습니다. 행복은 그렇게 곱셈의 시간으로 찾아옵니다. 하나를 더해서 둘에서 끝날 줄 알았는데 어떤 순간이든 배수의 기쁨을 누리게 되는 것이 둘째 육아입니다. 요즘 같은 저출산 시대에 두 아이 육아를 위한 책을 누가 볼까 싶기도 하지만 우리는 알고 있습니다. 놀이터에 나온 첫째 엄마들의 마음속에는 낳아야만 해결된다는 둘째 고민이 가득 피어오른다는 사실을 말입니다. 누구보다 그런 분들에게 제일 먼저 이 책을 선물하고 싶습니다.

루비쌤 이윤희

[목차]

PART 1

애 둘 육아를 두 배 쉽게 하는 방법

PART 2

평생 가는 올바른 식사 습관 만들기

PART 3

육아 난이도를 낮춰줄 극강의 수면 교육

PART 4

스스로 잘하는 아이가 사는 집

부록 | 5~7세 유아 학습 시작하기

애 둘 육아를
두 배 쉽게 하는 방법

두 아이 엄마가
초보 엄마에게 하고 싶은 말

잠 연관 없이 재울 것

우주가 100일 가까이 됐을 때 남편에게 우주를 맡기고 대학교 동아리 모임에 갔다. 오랜만의 자유 시간이라 한껏 들떠서 놀고 있는데 남편에게 전화가 왔다. "여보, 우주가 안 자고 계속 울어. 잠깐 올 수 있어?" 모처럼의 자유 시간을 즐기는 중이라 남편의 전화가 달갑지 않았지만 아이가 못 자고 있다는데 그냥 내버려둘 수는 없었다. 다행히 모임 장소가 집 앞이어서 한걸음에 집으로 갔다. 복도에서부터 우주의 울음소리가 우렁차게 들렸다. 방에 들어가자마자 우주를 안았더니 무슨 마법이나 부린 것처럼 우주는 금세 울음을 그치고 잠이 들었다. 잘 재운다는 이유로 내가 늘 우주를 재웠던 게 잠 연관으로 굳어진 걸 깨달은 순간이었다. 그 이후로도 우주를 빠르고 쉽게 재우기 위해 우주를 재우는 일은 나의 일이 됐다. 우주가 커갈수록 잠 연관은 더욱 강력해졌고 나중에는 잘 시간에 남편이 방에 들어오는 것조차 거부하기 시작했다. 아무리 피곤한 날이어도 우주를 재우는 일은 오직 나의 몫이었다. 우주를 재우느라 1시간 동안 침대에 누워 있다 보면 거실에서 자유 시간을 즐기고 있을 남편이 얄밉기도 했다. 어릴 때부터 들인 아이의 잠 습관이 나의 발목을 잡게 될 줄은 전혀 예상하지 못했다.

우주가 24개월이 됐을 때 둘째 은하가 태어났다. 은하에게 수유하랴, 우주를 재우랴 밤은 낮보다 더 바빴다. 새벽에 자주 깨는 우주를 달래는 것도 나만 할 수 있는 일이었다. '잠'과 관련해서 남편은 아무런 역할을 하지 못했다. '시간을 되돌릴 수 있다면 우주가 아빠와도 잘 수 있도록 우주를 재우는 일을 도맡아 하지 않을 텐데' 하고 지난 날을 후회했다.

나는 조금이나마 우주를 빨리 재우기 위해 우주가 해달라는 대로 다 해주기 시작했다. 등도 긁어주고 머리도 쓰다듬고 귀도 만져줬다. 처음에는 30분도 안 돼서 금방 잠이 들었다. 그런데 시간이 지날수록 잠드는 시간이 길어졌다. 결국 1시간이 넘도록 우주의 요구를 들어주다 결국 폭발해 버리는 날이 많아졌다. 우주만 키울 때는 참을 수 있었지만 은하까지 있으니 더욱 힘들고 지쳤다. 한 손으로 은하에게 수유를 하고, 한 손으로 새벽에 깬 우주의 등을 긁어주고 있으면 울컥 눈물이 났다. 우주를 빨리 재우기 위해 했던 모든 행동은 결국 강력한 잠 연관이 돼버렸다.

이건 나만의 이야기가 아니다. 수면 교육 상담을 하다 보면 하나같이 비슷한 이야기를 한다. "우리 애는 제 머리카락 없으면 못 자요." "자다가도 일어나서 팔을 만져줘야 잠이 들어요." "1시간 동안 등을 긁어줘야 잠을 자요." "아빠랑 자라고 하면 울고불고 난리가 나요." 엄마와 연결된 잠 연관 때문에 육아가 고달픈 엄마들이 정말 많았다.

하지만 아이에게 이런 잠 연관이 생기도록 길들인 사람은 바로 부모 자신이다. 아이를 조금이라도 빨리 재우기 위해, 더 잘 재우기 위해 한 행동이 아이에게 좋지 않은 잠 연관을 만들어준 것이다. 육아에서는 쉽고 편한 길이 꼭 좋은 길은 아니다. 편하기 위해서 했던 선택이 나중에 육아를 더 힘들게 할 수 있다는 것은 아이 둘을 키우며 배운 귀중한 지혜다.

하지만 육아에서 늦은 건 없다. 문제라고 인식한 그 순간이 바로 변화해야 하는 순간이다. 아이가 잠들 때까지 등을 만져줘야 한다면? 아이가 아빠와 자는 걸 거부한다면? 그리고 이 상황이 고통스럽다면? 서서히 잠 연관을 없애가면 된다. 얼마든지 달라질 수 있다.

따라다니면서 먹이지 말 것

⬥

나는 어릴 때 지지리도 안 먹는 아이였다. 엄마는 걱정이 돼서 늘 나를 따라다니면서 밥을 먹여주셨다. 고등학생이 됐을 때까지 엄마는 엘리베이터까지 따라와서 내 입에 밥을 넣어주셨다. 나는 그게 너무 싫었고 내 아이는 절대 그렇게 키우지 않겠다고 다짐했다. 그런데 우주를 낳고 나는 엄마 같은 엄마가 됐다. 이유식 한 그릇을 뚝딱 먹던 우주가 갑자기 이유식을 거부하자 온갖 수단과 방법을 사용해서 한입이라도 더 먹이려고 애를 썼다. 장난감도 주고 하이 체어에서 내려와서도 1시간이 넘도록 따라다니며 어떻게든 먹이기 위해 노력했다. 우주가 돌이 지나고부터는 영상까지 틀어주며 밥을 먹였다. 한두 번 영상을 보여주니 영상없이 하이 체어에 앉히려고 하면 몸을 뻗대며 앉기를 거부했고 의자에 앉히기 위해서 늘 새로운 영상을 틀어줘야 했다. 스스로 숟가락질을 하기는커녕 한두 입 먹고 새로운 영상이나 새로운 장난감을 요구하는 우주에게 불쑥 화가 나는 날도 많아졌다. 밥시간이 되기 전부터 가슴이 답답하고 마음이 무거웠다. 아이가 밥을 안 먹는 일이 인생 최대의 고민거리가 돼버렸다.

우주의 식습관을 해결해 나가는 과정에서 배운 것이 있다면 '부모가 아이의 밥에 집착할수록 아이는 점점 먹는 것을 즐기지 않게 된다'라는 것이다. 한 숟갈이라도 더 먹이려고 아이를 따라다니며 먹이는 일이 반복되면 아이는 밥을 먹는 일을 자신의 일로 생각하지 않게 된다. 아이가 얼마나 먹느냐보다 더 중요한 것은 먹는 것을 즐기는 태도를 가르쳐주는 것이다. 다음은 아이의 식습관 문제로 내게 상담을 받은 한 엄마가 전해준 메시지다.

"첫째 아이는 40개월인데 정말 밥을 안 먹고 식욕이 없는 아이였어요. 영유아검진에서도 1퍼센트가 나와서 한 숟갈이라도 더 먹여보려고 아이를 달래도 보고 화도 내보고 놀면서도 먹여보고 영상까지 보여주며 별의별 방법을 다 써도 안 됐어요. 그런 아이를 보며 너무 화가 나서 윽박지르고 식사 시간을 공포 시간으로 만들었어요. 그러다 보니 아이가 몇 개월 전부터는 밥만 먹으면 계속 토를 하더라고요. 그런데 선생님과 상담한 이후로 식사 규칙을 정해서 지키기로 아이와 약속했어요. 식사 시간을 즐거운 분위기로 만들려고 노력했고요. 일주일 정도는 반 정도 먹더니 2주째부터는 먹고 싶은 메뉴도 말하고, 지금은 80퍼센트 이상은 먹거나 모두 먹게 됐어요. 무엇보다 식습관 교육을 한 뒤로 아이가 토한 적이 한 번도 없어요. 이게 제일 신기하고 참 고마운 날들이에요."

이 사례뿐만 아니라 식탁에서 장난감이나 영상을 치우고, 아이가 의자에 앉아 먹고 싶은 만큼 먹도록 존중해 주는 것만으로 식사 전쟁을 끝내게 됐다는 감사 인사를 수도 없이 받았다. 아이가 밥을 많이 먹지 않을 때 부모가 애타는 마음이 드는 건 너무나도 당연하다. 하지만 육아는 장기전이다. 순간을 모면하려는 행동은 근본적인 해결책이 될 수 없다. 아이가 안 먹으려고 할수록 더 쿨한 부모가 돼보자. 작은 변화만으로 식탁 위 전쟁은 빨리 끝나게 될 것이다.

스스로 하게 내버려 둘 것

24개월인 첫째와 1개월인 둘째, 육아는 실전이었다. 어떻게 해야 할지 고민할 새도 없이 폭풍같이 휘몰아쳤다. 정신없이 하루를 보내고 나면 내일이 온다는 사실이 두려워 잠들기가 무서웠다. 그저 하루하루를 버텨내고 있었다. 내일은 또 어떤 일이 벌어질지, 내일은 무사히 지나갈 수 있을지 두려웠다. 누군가 나를 구해주길 바랐다. "엄마!"라고 부르는 우주의 목소리를 듣자마자 "또 왜!"라는 말이 절로 나왔다. 손 씻는 것, 옷 입는 것, 신발 신는 것부터 장난감 찾는 것, 밥 먹는 것, 물 마시는 것까지 내 손길이 필요하지 않는 일이 없었다. 은하에게 수유할 때든 기저귀를 갈 때든 개의치 않고 우주는 엄마를 불렀다. 어린이집 등원을 위해 아기띠에 은하를 안고 현관에 서 있으니 우주가 신발을 신겨달라고 짜증을 냈다. 은하를 안은 채로 몸을 숙여 우주의 신발을 신기다 은하가 토를 했다. 나와 은하는 다시 들어와 옷을 갈아입어야 했다. 내 마음을 알 리 없는 우주는 여전히 신발을 신겨달라고 재촉했다. 방금 옷을 갈아입었지만 금세 땀범벅이 됐다. 30분이 지났는데 우리는 현관도 벗어나지 못

했다. 아이 둘 육아란 이런 것이었다. 엄마는 하나인데 엄마가 필요한 아이는 둘인 상황의 연속. '왜 우주에게 신발을 스스로 신을 기회를 주지 않았나' 지난 시간을 후회했다.

집에서 내 아이만 키우다가 놀이터나 어린이집에서 다른 아이를 보다 보니 아이마다 할 줄 아는 것이 정말 다르다는 것을 알게 됐다. 아이 혼자 신발을 신고 손을 씻을 줄 안다는 한 엄마의 자랑을 들으며 '아이마다 할 줄 아는 게 다른 거지. 언젠가는 알아서 할 텐데, 그게 뭐라고 유난이지?'라고 생각하기도 했다. 그런데 은하를 키우면서 어떤 환경에서 어떤 태도로 아이를 양육했느냐에 따라 아이가 할 줄 아는 것이 크게 달라진다는 것을 알게 됐다. 스스로 할 줄 아는 게 많은 아이는 그저 발달이 빠른 아이가 아니었다. 세 돌이 다 돼서도 숟가락질이 미숙한 우주를 키울 때의 나와, 돌 무렵부터 숟가락질을 해서 밥을 먹는 은하를 키울 때의 나는 양육 태도부터 달랐다. 우주는 '뒤처리가 힘드니 내가 다 해줘야지' 하는 마음으로 키웠다면, 은하는 '내가 다 해주면 커서도 계속해 줘야 하니까 지금 힘들더라도 혼자 하게 내버려두자' 하는 마음으로 키웠다. 그러다 보니 36개월도 되지 않은 은하는 한창 손이 많이 가는 시기지만 뭐든 혼자 하는 데 익숙해졌다. 외출 준비를 할 때도 밥을 먹이고, 손을 씻기고, 옷을 입히고, 신발을 신기는 등의 역할은 나의 몫이 아니다. 우주를 키울 때는 이 모든 건 초등학생 정도는 돼야 스스로 할 수 있다고 생각했다. 하지만 은하를 낳고 두 아이에게 독립적이고 자율적인 생활 습관을 만들어준 덕분에 우주 한 명만 키울 때보다 육아가 더 수월하게 느껴지기까지 했다. 육아가 쉬운 사람과 그렇지 않은 사람의 차이는 이런 사소한 것에서부터 비롯된다. 아이들이 혼자 할 줄 아는 게 하나둘씩 늘어나면 육아에 숨 쉴 틈이 생긴다. 아이가 아직 어리다고 생각하지 말고 스스로 할 수 있게 도와주자. 아이들은 부모가 생각하는 것보다 더 많은 것을 할 수 있다.

때로는 아이의 불편함을 지켜봐 줄 것

말로만 듣던 임신과 출산의 과정을 겪으며 하나의 생명을 품고 낳는다는 게 생각한 것보다 몇 배는 더 고귀한 일이라는 걸 알게 됐다. 작고 소중한 아기를 처음 품에 안은 그날부터 나는 모성애가 폭발했다. 우주가 자다가 추울까 봐 에어컨을 틀었다가 껐다가 속싸개를 했다가 풀었다가 수십 번도 넘게 신경을 쓰느라 잠을 설쳤다. 작은 소리라도 나면 토한 건 아닌지, 오래 자서 탈수가 온 건 아닌지, 숨은 쉬고 있는지 수시로 확인하기도 했다. 하나부터 열까지 나의 모든 신경은 우주에게 집중됐다. 우주의 불편함은 곧 나의 불편함이었다.

우주가 자라면서 자기 주장이 강해지자 나는 점점 더 우주에게 맞춰주게 됐다. 차를 타고 이동할 때 카시트에서 불편해하는 우주를 위해 목적지에 도착할 때까지 장난감과 과자를 수시로 바꿔줬다. 우주가 지루해하는 모습을 보는 게 힘들어 새로운 자극을 주기 위해 장난감과 책을 자주 샀다. 놀이터에서 놀다가 집에 가기 싫어하는 우주에게 늘 맛있는 과자로 설득해서 집에 데려왔다. 양치를 시키기 위해 거실에서 영상을 틀어주고 헹군 물은 컵에 뱉게 하기도 했다. 샤워는 엄마랑만 하겠다는 우주를 설득하지 못해 만삭의 몸에도 내가 우주를 씻겨야 했다. 구겨진 종이로는 그림을 그리기 싫다는 우주 때문에 색연필로 한두 번만 그린 깨끗한 종이가 집에 넘쳐났다. 우주가 불편해하면 나는 바로 불편함을 해결해 줬다. 우주는 그렇게 불편함을 참지 못하는 아이가 됐다.

반대로 은하에게는 다소 대범한 모습을 보였다. 은하는 처음부터 카시트에 탈 때 내가 아닌 우주가 옆에 있었다. 그래서 은하가 해달라는 것을 다 들어주지 못했고 그 덕분에 차에서는 불편해도 견디는 법을 배울 수 있었다. 샤워할 때도 돌 전부터 샤워캡도 씌우지 않고 샤워기로 씻겼더니 금방 익숙해졌다. 우주에게 신경 쓰느라 은하의 요구는 바로 해결되지 못하는 경우가 많았다. 첫째 엄마들이 하나같이 입을 모아 하는 공통된 말은 "첫째 아이가 까탈스럽다"라는 것이다. 물론 기질적으로 예민하고 까탈스러운 아이가 있지만 주로 첫째들이 예민한 건 나처럼 아이의 불편함을 전부 해결해 주려는 부모의 태도 때문이기도 하다.

아이가 부모에게 소중한 존재인 것은 맞지만 소중하다고 모든 것을 아이 뜻대로 해줘야 하는 것은 아니다. 오히려 아이의 불편함에 무심해지는 것이 아이를 위한 길일 때가 많다. 아이가 불편함을 이겨냈을 때 아이는 사회적인 존재로 성장할 수 있다.

둘째가 태어나면
일어나는 일

둘째가 태어났다

첫째 엄마와 달리 둘째 엄마는 조리원에 갈지 말지, 조리원에 가지 않는다면 어떻게 산후조리를 할지 고민한다. 이 모든 고민의 중심에는 첫째가 있다. 첫째와 2~3주 동안 떨어져서 지내야 한다는 사실은 엄마에게 큰 걱정거리가 된다. 나 역시 '우주가 잠은 제대로 잘까?', '엄마가 없다고 충격받으면 어떡하지?' 이런 고민들로 밤을 지새우기도 했다. 은하를 가진 이후로 더욱더 엄마와 모든 것을 하려고 했기에 걱정이 컸다. 조리원을 가려니 우주가 걱정되고, 조리원을 가지 않으려니 산후조리가 걱정됐다. 고민 끝에 내린 결론은 조리원에서 2주 동안 산후조리를 하고 집에 와서 두 달간 산후도우미 서비스를 이용하는 것이었다.

어떤 선택을 해야 아이와 부모 모두에게 부담이 덜 될까? 모든 선택에는 장단점이 있다.

조리원＋산후도우미 서비스 이용

은하를 제왕절개로 낳고 조리원에서 2주 동안 몸조리를 했다. 병원 생활까지 포함하면 3주 동안 우주와 떨어져 지냈다. 시부모님과 남편이 우주를 돌봐주기로 했기 때문에 출산 전부터 우주와 남편이 시부모님 댁에 자주 놀러 가서 친숙해지도록 했다. 덕분에 우주는 나와 떨어진 상황을 잘 받아들였다.

조리원 생활은 아이 둘 육아를 시작하기 전 마지막 휴식기다. 만삭의 몸으로 육아하랴, 둘째를 출산하랴, 지친 몸을 회복할 수 있는 최적의 장소는 조리원이다. 첫째를 출산했을 때와 달리 둘째를 출산했을 때는 조리원이 더욱 감사하다. 밥도, 간식도, 빨래도, 청소도 다 해줄 뿐만 아니라 신생아도 돌봐주고 산모는 수유만 하면 된다. 첫째 아이가 걱정되는 마음이 크면 1주만 신청하는 방법도 있다. 조리원에서 나온 뒤 산후도우미 서비스를 이어서 이용하면 산후조리에도 도움이 되고 엄마와 떨어져서 속상했을 첫째와도 시간을 보낼 수 있다.

산후도우미 서비스만 이용

경산모는 정부에서 산후도우미 서비스 지원금을 더 많이 받을 수 있다. 첫째와의 분리가 걱정된다면 조리원에 가지 않고 그 비용으로 산후도우미 서비스를 더 오래 이용하는 방법이 있다. 조리원 대신 집으로 바로 오는 것의 장점 중 하나는 안정적인 모유 수유 환경을 만들 수 있다는 것이다. 완모가 목표라면 조리원에 가지 않고 집에서 산후도우미의 도움을 받으며 모유 수유를 하는 것이 좋다. 조리원에서는 산모가 수유 콜을 받지 못하면 신생아에게 분유를 주는데 신생아에게 젖병으로 자주 수유를 하다 보면 유두 혼동이 와서 모유 수유를 거부할 수도 있다. 또한 조리원에서는 수유를 할 때마다 수유실에 가야 하는 번거로움이 있다. 하지만 집에서 수유하면 모유 수유가 훨씬 더 편하다. 게다가 수유 시간 외에는 산후도우미 관리사님께 둘째를 맡기고 첫째와 시간을 보낼 수 있다는 장점도 있다. 산후도우미 관리사님은 전문적인 교육을 받았고 경험이 풍부하기 때문에 목욕이나 수유 등 신생아를 돌보는 데 큰 도움을 받을 수 있다. 다만 산후도우미 관리사님과 궁합이 맞지 않은 경우에는 갈등이 생길 수도 있다. 이는 출산 후 큰 스트레스가 되기도 한다. 그러므로 산후도우미 서비스를 이용하기로 했다면 자신이 원하는 성향의 관리사님이 올 수 있도록 원하는 바를 업체에 미리 요청하는 것이 좋다. 그리고 원하는 조건의 관리사님이 오지 않았을 경우에는 합당한 이유가 있다면 교체를 요구해야 한다.

가족의 도움

산후도우미 서비스를 이용하지 않는다면 양가 어머니의 도움을 받는 방법이 있다. 가족이 산후조리를 도와주니 훨씬 더 믿음이 간다. 할머니가 애정 어린 손길로 아기를 돌봐주니 산모는 안심하고 쉴 수 있다. 첫째 아이도 모르는 사람이 집에 와 있는 것보다 할머니가 계시니 정서적인 안정감이 생긴다.

하지만 친정어머니나 시어머니에게 산후조리를 부탁하는 것은 부담이 되기도 한다. 아기를 돌보느라 힘드실까 봐 마음 편히 맡기지도 못하고, 청소를 부탁하는 것도 죄송스럽다. 또한 한 집에서 동고동락하며 서로 불편한 것이 쌓이면 갈등이 생기기도 한다. 양가 부모님의 도움을 받는 것이 가장 전통적인 방법이지만 이런 이유로 요즘은 산후도우미 서비스를 많이 이용하는 추세다.

아이돌봄 서비스를 이용

아이 둘 육아를 할 때 가장 힘들었던 시기가 언제냐고 묻는다면 둘째가 태어나서 돌이 될 때까지라고 대답할 것이다. 동생을 받아들이기 힘들어하는 첫째와 아직 너무 어려 돌봄이 필요한 둘째를 함께 돌보는 것은 혼자 감당하기 어려운 일이다. 이 시기에 큰 도움이 되는 아이돌봄 서비스는 아기가 100일이 되면 이용할 수 있는데 대기자가 많아 출산 전에 미리 신청하고 심사를 받고 대기를 걸어두는 것이 좋다. 소득 수준에 따라 정부 지원금이 다른데, 외벌이라면 보통 정부 지원금을 받을 수 있다.

산후도우미 서비스 기간이 끝나고 얼마 지나지 않아 아이돌봄 선생님이 배정됐다. 하원 직후 시간대는 경쟁이 치열하다고 해서 등원 전 2시간으로 신청하니 금방 배정이 됐다. 아이돌봄 선생님 덕분에 전쟁 같았던 등원 시간을 훨씬 여유롭게 보낼 수 있었다. 뿐만 아니라 우주가 아파서 가정 보육을 하는 날이면 선생님께 연장 근무를 부탁해 은하를 맡기고 우주와 병원에 다녀오기도 했다. 우주의 어린이집 방학 때도 가능한 날에는 연장 근무를 해주셔서 아이 둘을 같이 돌보기도 했다. 아이돌봄 선생님은 힘든 일이 있을 때마다 친정 어머니나 남편 이상으로 큰 힘이 돼주셨다.

엄마를 뺏겼다

은하와 함께 조리원에서 집으로 돌아가던 날, '우주는 은하를 보고 어떤 반응을 보일까?'라고 생각하며 집으로 향했다. 어린이집에서 하원하고 집에 들어오는 우주를 보자 눈물이 핑 돌았다. 조리원에서도 영상통화를 하면 눈물이 날까 봐 거의 영상통화를 하지 않고 지냈던 터라 우주가 낯설게 느껴졌다. 우주를 두 팔로 번쩍 안아 들었는데 3주 동안 은하의 무게에 익숙해져서 우주의 묵직한 무게에 놀랐다. 귀엽고 작은 아기 우주는 온데 간데 없고 내 눈앞엔 어린이가 서 있었다. 은하와 우주의 긍정적인 첫 만남을 위해 은하가 준 선물이라며 우주에게 병원 놀이 세트를 안겨줬다. 우주는 아기 침대에 누워 있는 은하가 신기한지 한참을 쳐다보았다.

"우주야, 동생 은하야. '은하야 안녕' 해봐."

"은하야 안녕."

우주는 동생이 뭔지 알까? 은하를 잠깐 놀러 온 손님이라고 생각하는 건 아닐까? 성인이 되기까지는 한 집에서 지지고 볶고 살아야 하는 가족이라는 걸 알기나 하는 걸까? 우주는 은하를 거부하지도, 좋아하지도 않았다. 오히려 무관심에 가까웠다. 나는 은하에게 수유할 때를 제외하고 대부분의 시간을 우주와 보냈다. 우주가 은하에게 질투를 느끼지 않도록 조심했다. 남편이 있을 때는 남편에게 은하를 맡겼고, 산후도우미 관리사님이 계실 때는 관리사님께 은하를 맡겼다.

차츰 우주는 은하의 존재를 인식하기 시작했다. 은하를 재우고, 씻기고, 먹이는 시간에는 엄마를 차지할 수 없다는 사실을 깨닫자 은하에 대한 질투가 시작됐다. 은하에게 수유를 할 때면 우주는 은하한테 밥을 주지 말고 자기와 놀아달라고 했다. 누워 있는 은하를 꼬집고 할퀴기도 했다. 은하를 안고 있으면 그사이를 비집고 들어와 자기를 안아달라고 했다. 원래도 엄마만 좋아하던 아이였는데 엄마에 대한 소유욕이 더 심해졌다. 누군가 놀러 왔을 때 자신이 주목받지 못하면 심술이 나서 공격적인 행동을 보이기도 했다. 은하의 쪽쪽이를 물거나 장난감을 빨기도 했다. 아기처럼 옹알이를 하고 자주 울음을 보였다. '이게 바로 퇴행 행동이구나' 싶었다.

동생을 만나는 날엔 이렇게

엄마가 동생을 낳으러 가서 오랫동안 만나지 못할 거라고 미리 얘기를 해도 첫째가 세 돌 전이라면 그 의미를 완벽하게 이해하지 못한다. 하루, 이틀이면 올 것이라고 생각했던 엄마가 여러 밤을 자도 오지 않는다는 것을 알게 되면 아이는 속상하고 그리운 마음이 커진다. 오랜 기다림 끝에 드디어 엄마와 만나는 날, 처음 보는 아기를 안고 있는 엄마의 모습은 첫째에게 꽤 충격적일 것이다. 사실 이 날은 첫째 아이에게 '동생을 처음 만나는 날'이 아닌 '보고 싶었던 엄마를 오랜만에 보는 날'이다. 그러므로 둘째는 엄마가 아닌 아빠가 안고, 엄마는 첫째와의 만남에 집중할 필요가 있다. 엄마가 첫째와 떨어져 지내며 얼마나 보고 싶었는지 말해주면 아이는 속상했던 마음이 사르르 녹을 것이다.

둘째가 처음 집에 오는 날에는 할머니, 할아버지를 초대하지 않는 것이 좋다. 아무래도 첫째보다 둘째가 그날의 주인공이 될 가능성이 크기 때문이다. 동생이 태어난 것을 축하하기보다는 첫째가 형이 됐다는 것을 축하하면 첫째가 둘째를 거부감 없이 받아들일 수 있다.

동생을 질투할 때는 이렇게

첫째와 둘째의 첫 만남이 성공적이었다고 해서 첫째가 둘째를 계속 좋아하는 건 아니다. 시간이 지나면서 첫째가 동생에게 질투를 느끼게 되는 것은 자연스러운 일이다. 동생이 부모의 사랑과 관심을 독점할 수 없기 때문이다. 게다가 첫째가 세 돌 전이라면 엄마를 독점하려는 모습이 더욱 강하게 나타날 수 있다. 그 이유는 아이의 발달과 관련이 깊다. 아이가 세 돌이 되기 전까지는 엄마와 안정적인 애착 관계를 형성해야 하는 시기다. 안정적인 애착 관계는 엄마가 아이에게 주는 관심과 사랑을 통해 차곡차곡 쌓아갈 수 있다. 세 돌 전까지 엄마의 사랑을 충분히 받은 아이는 차츰 엄마로부터 정서적인 독립을 해나간다. 그런데 둘째를 돌보느라 첫째를 밀어내고 소홀히 대한다면 아이의 마음에는 엄마의 사랑에 대한 확신이 생기지 않는다. 첫째 중심으로 육아를 하라는 말이 아니다. 다만 이 시기에는 인지 능력과 정서 능력이 발달하지 않은 둘째보다 첫째에게 관심을 기울여야 할 필요가 있다.

남편이 있을 때는 남편이 둘째를 돌보고 첫째는 엄마와 시간을 보내는 것이 좋다. 둘째의 낮잠 시간을 이용해서 첫째와 둘만의 놀이 시간을 가지면 엄마가 동생을 돌봐야 하는 시간을 좀 더 여유로운 마음으로 지켜볼 수 있게 된다. 주말에는 남편에게 둘째를 맡기고 첫째와 외출하는 것도 도움이 된다. 이런 시간을 통해 첫째의 정서적인 결핍을 채울 수 있기 때문이다. 둘째가 자라면서 첫째와 똑같이 엄마의 관심과 사랑을 요구하는 시기가 온다. 이때 엄마와 안정적인 애착이 형성된 첫째는 엄마가 동생을 더 챙기고 돌봐주는 상황을 배려해 주고 이해해 줄 수 있을 것이다.

퇴행 행동을 보일 때는 이렇게

동생이 태어난 뒤 갑자기 첫째가 손이나 장난감을 빨거나 옹알이를 하거나 자주 울고 떼를 쓰는 모습을 보일 때가 있다. 이런 행동은 퇴행의 일종으로 대부분 관심을 되찾고 싶을 때 나타나는 행동이다. '퇴행 행동'은 말 그대로 이전 발달 단계로 되돌아가려는 것을 말한다. 아이가 퇴행 행동을 보이면 부모는 그 행동이 지속될까 봐 걱정이 된다. '대소변을 잘 가리던 애가 갑자기 왜 저러지?', '장난감 빠는 시기가 지났는데 왜 자꾸 빠는 거지?'라는 생각에 아이를 다그치기도 한다. 하지만 퇴행은 심리적으로 안정되면 다시 원래의 모습으로 되돌아갈 수 있는 일시적인 행동이므로 걱정의 눈빛으로 아이를 바라보지 않아도 된다. 퇴행 행동은 지적할수록 강화될 수 있기에 오히려 관심을 두지 않는 편이 낫다. 대신 포옹이나 뽀뽀 등 아이의 안정감을 채울 수 있도록 스킨십을 늘리는 것이 도움이 된다. 또한 엄마와 아이가 노는 시간을 늘리거나 좀 더 밀도 있게 놀아주는 것으로 해결할 수 있다. 손가락이나 장난감을 빠는 경우에는 앉아서 노는 놀이보다는 몸을 사용해 노는 놀이를 통해서 다른 곳으로 관심을 돌려주는 것이 좋다. 대화가 잘되는 나이라면 아이의 속상하고 섭섭한 마음을 대화로 해결할 수도 있다. 아이에게 생기는 크고 작은 문제는 부모의 관심과 사랑으로 해결할 수 있는 경우가 많다.

동생은 방해꾼이야

은하가 10개월이 되면서 배밀이를 시작했다. 은하의 배밀이로 아이 둘 육아에 큰 위기가 찾아왔다. 그전까지는 우주와 은하 사이에 큰 갈등이 없었다. 가끔 엄마의 관심을 빼앗길 때면 우주가 은하에게 질투를 했지만 동생을 크게 미워하지는 않았다. 그런데 은하가 스스로 움직일 수 있게 되자 우주가 은하를 공격하기 시작했다. 은하가 틈만 나면 우주의 장난감을 뺏고 망가뜨렸기 때문이다. 장난감을 지키기 위해 우주는 은하를 때리고 꼬집었다. 나는 하루 종일 두 아이가 싸우지 않도록 옆에 붙어 있어야 했다.

첫째가 둘째를 싫어하게 되는 이유는 크게 두 가지다. 하나는 엄마가 동생에게 더 많은 관심과 사랑을 준다고 생각하기 때문이고, 다른 하나는 동생이 놀잇감을 뺏거나 놀이를 방해하기 때문이다. 둘째가 기기 전까지는 전자의 경우가 대부분이지만 둘째가 기기 시작하면 후자의 경우가 더 많다. 첫째가 둘째에게 공격적인 모습을 보이기도 하는데 이는 훈육 상황이지만 첫째를 무조건 탓할 일은 아니다. 오히려 첫째가 그렇게 행동하게 된 이유를 들여다봐야한다.

사람은 누구나 자신의 영역이 존재한다. 부모가 아이의 장난감에 손을 댈 때 아이가 공격적인 모습을 보이지 않는 것은 부모가 자신의 영역을 침범하는 사람이 아니라는 것을 알기 때문이다. 어릴 때부터 부모와 장난감을 가지고 노는 것에 익숙한 아이는 부모를 놀이 대상으로 인식한다. 하지만 동생은 다르다. 자신보다 어린 동생과는 아직 소통을 해본 경험이 없기에 동생을 놀이 대상으로 인식하지 못한다. 오히려 동생이 다가와 장난감을 뺏고 망가뜨리는 경험이 쌓이다 보니 동생을 방해꾼이라고 인식하게 된다. 그래서 동생이 가까이 다가오기만 해도 자신의 영역을 침범한다고 생각해 이를 방어하기 위해 공격적인 행동을 하는 것이다.

즉, 첫째의 공격적인 행동은 자기방어적인 성격을 띠고 있다. 그러므로 무작정 첫째를 혼내기보다는 첫째의 영역을 지켜주고 동생과의 마찰을 피할 수 있는 대안을 알려주는 방법이 더 적합하다. 그리고 둘째의 의사소통 능력이 발달하기 시작하면 아이들이 함께 놀 기회를 마련해 줘야 한다. 서로 소통하며 물건을 공유하고 함께 노는 것의 즐거움을 배울 수 있다. 이러한 경험이 쌓이면 상대를 놀이 대상으로 인식하게 돼 두 아이의 마찰은 자연스럽게 줄어든다.

둘째의 반격이 시작된다

　둘째는 저절로 큰다는 말이 틀리지 않았다고 생각하며 아이 둘 육아가 편해질 무렵, 은하가 재접근기를 맞이하게 됐다. 잘 먹고, 잘 자고, 잘 놀아서 어느 것 하나 힘들게 하지 않았던 은하는 재접근기를 기점으로 다른 아이가 됐다. 감정 기복이 심해서 잘 놀다가 갑자기 토라지고, 다른 사람을 때리고, 물건을 던지고, 마음대로 되지 않으면 어디서든 드러누웠다. 아침에 눈을 뜨면 기분이 좋지 않을 때가 많아서 30분 정도 스스로 진정하는 시간이 필요하기도 했다. 씻고, 밥 먹고, 옷 입고, 준비해서 나가기 바쁜데도 기분이 좋지 않은 날에는 등원 준비를 하는 데 협조를 해주지 않아 시간 맞춰 나가기가 어려웠다. 힘도 세서 강제로 안아서 데리고 나가는 일도 쉽지 않았다. 놀이터에서도 잘 놀다가 토라져서 누워버리거나, 집에 가는 길에도 누웠다가 울었다가를 반복해서 5분 만에 갈 거리를 30분 만에 가기도 했다. 집에서 놀 때도 우주를 자주 때렸고 기분이 나쁘면 물건을 던지고 남편과 나를 때리고 깨물기도 했다. 게다가 엄마든 아빠든 크게 중요하지 않던 은하도 엄마 껌딱지가 됐다.

　둘째가 태어나도 부모의 고민은 대부분 첫째의 정서나 발달에 있다. 아직 갓난아기인 둘째에게 바라는 건 그저 잘 먹고, 잘 자고, 잘 노는 일이다. 그리고 이 세 가지는 첫째를 키우며 경험해 본 일이기에 큰 어려움이 없고 문제가 생겨도 크게 걱정하지 않는다. 시간이 지나면 해결된다는 것을 알고 있기 때문이다. 반대로 동생이 생긴 뒤 정서적으로 힘든 시기를 보내고 있는 첫째의 문제는 복잡하고 어렵다. 게다가 원하는 것이나 불편한 것이 있으면 즉시 표현하는 첫째에게 더 집중하게 되는 것은 당연한 일이다.

하지만 둘째의 재접근기가 오면서 상황이 역전된다. 이 시기가 되면 천진난만한 아기인 줄 알았던 둘째가 존재감을 드러내기 시작한다. 엄마에 대한 애착이 강해지고, 사소한 일로 울고 고집 피우고, 심지어 자러 가는 걸 거부한다. 이때부터 첫째에게 집중했던 관심을 조금씩 둘째에게로 옮겨야 한다. 이제 둘째와 엄마의 애착을 집중적으로 형성해야 하는 시기가 온 것이다. 둘째와 이전보다 더 밀도 높은 놀이 시간을 가지고 사랑과 관심을 충분히 표현해야 한다.

둘째가 유독 엄마를 찾는 시기가 오면 아빠와 첫째가 보내는 시간을 늘리고 엄마는 둘째와 시간을 가질 수 있도록 해야 한다. 첫째의 인지발달과 더불어 엄마, 아빠와 애착이 잘 형성된 경우라면 엄마가 동생과 시간을 보내도 거부감 없이 받아들일 수 있다. 하루 10분이라도 둘째에게 집중해서 밀도 있게 놀이 시간을 가진다. 둘째가 어릴 때는 주로 혼자 놀고 엄마는 첫째 위주로 놀이를 하는 경우가 많다. 하지만 둘째가 혼자 잘 있다고 해서 계속 혼자 놀도록 내버려두면 안 된다. 둘째도 놀이를 통해 발달을 촉진하고 관심을 받으며 애착을 형성해 나가야 한다. 그러므로 둘째도 놀이에 참여시켜 첫째와 둘째 모두 함께 놀 수 있는 놀이를 하는 게 좋다. 술래잡기, 숨바꼭질, 풍선 꼬리 잡기, 풍선 던지기, 젤리 보물찾기, 이불 썰매 타기, 이불집 짓기 등 몸으로 하는 놀이는 아이의 나이에 크게 구애받지 않고 함께 놀 수 있다. 처음에는 둘째가 규칙을 잘 이해하지 못해도 반복적으로 놀이에 참여하다 보면 모방을 통해 금방 규칙을 배울 수 있다.

둘째도 칭찬과 인정이 필요해

은하는 20개월이 됐을 때 어린이집에 갔다. 처음에는 잘 적응하며 다녔는데 두 돌이 지나고부터 어린이집 선생님께 자주 전화가 왔다. 은하가 친구를 때린다는 것부터 시작해서 단체 활동이 싫다고 자주 드러눕기도 한다는 것이었다. 또 바깥 놀이를 하다가 원에 들어가야 할 때 들어가지 않겠다고 고집을 부려 지도하기 힘들다고 하셨다. 사실 집에서도 이런 행동을 자주 해서 늘 걱정하던 부분이었다. 내 자식도 힘든데 선생님은 얼마나 힘드실까 걱정되고 죄송스러웠다. 게다가 친구를 때리는 행동은 절대 해서는 안 되는 일이기에 집에서도 단호하게 지도를 했다. 하지만 수차례 훈육을 했음에도 나아질 기미가 보이지 않았다. 오히려 더 심해지기까지 했다.

어느 날 어린이집에서 하원하고 집에 왔을 때 우주가 "오늘 은하가 친구를 때려서 선생님한테 혼났어" 하고 얘기했다. 그 말을 들은 나는 은하에게 "친구 때리면 안 돼! 엄마가 친구 때리지 말라고 했지!" 하고 혼을 냈다. 그랬더니 은하는 "혼내지 마!" 하고 누워서 한참 서럽게 울었다. 그 모습을 보니 어린이집에서도 집에서도 매일 혼나는 은하가 가여워졌다. "우리 은하 친구 때리지 않아. 잘할 수 있지? 우리 멋진 은하 잘할 수 있어!" 하니 "은하는 안 잘해. 못해. 은하 나빠"라고 말했다. 그래서 "아냐, 우리 은하 멋져. 엄마는 믿어. 우리 은하 최고야" 하니, 울면서 "은하 안 멋져. 은하 안 최고야"라고 했다. 문제 행동을 할 때마다 늘 혼이 났던 은하는 이미 자존감이 많이 낮아진 상태였다. 부쩍 떼가 늘어난 은하에게 엄격한 훈육만 하고 칭찬이나 인정의 말은 소홀했던 것을 반성하고 은하에게 관심과 칭찬을 통해 자존감을 높여줘야겠다고 결심했다.

태어나자마자 엄마 아빠의 사랑을 독차지하고 늘 1순위였던 첫째와 다르게 둘째는 태어나자마자 2순위가 된다. 집에서 가장 어리다는 이유로 할 수 없는 것이 많고 둘째라는 이유로 늘 차례를 기다려야 한다. 첫째는 늘 둘째보다 뛰어난 존재다. 첫째가 하는 것은 둘째가 하는 것에 비해 더 고차원적인 것이 많다. 특히 어릴수록 그 차이는 꽤 크다. 이런 이유로 둘째는 첫째에게 열등감을 갖게 될 가능성이 크다. 게다가 모든 것이 처음이고 신기했던 첫째의 성장과 달리 둘째의 성장은 당연한 것으로 받아들여지기 쉽다. 둘째를 키울 때는 좀 더 여유롭고 능숙하게 육아를 할 수 있다는 장점이 있지만 자칫하면 둘째에게 무신경해질 수도 있다.

아이가 뒤집기를 하고, 기고, 걸음마를 하고, 말을 하는 순간이 부모에게는 두 번째지만 둘째에게는 처음 경험하는 순간이다. 첫째가 소중한 것처럼 둘째 역시 부모의 칭찬과 사랑을 먹고 자라야 하는 존재다. 첫째 때 경험해 본 일이라도 둘째의 작은 성취를 그냥 넘기지 말아야 한다. 이런 순간이 둘째의 자존감을 높일 수 있는 좋은 기회다. 부모에게는 한없이 귀엽고 사랑스럽기만 한 둘째지만 둘째 아이가 듣고 싶어 하는 말은 "사랑해. 귀여워"보다 "어떻게 그런 걸 했어? 대견하다"처럼 자신을 인정해 주는 말일 것이다.

훈육할 때 역시 '안 되는 것'을 알려주는 것도 중요하지만 '잘했을 때' 칭찬하는 것도 중요하다. "안 돼"라는 말은 부정적인 메시지를 전달하지만 "잘했어"라는 말은 긍정적인 메시지를 전달한다. 사람은 누구나 칭찬과 인정을 받는 경험이 쌓이면서 더 잘하고 싶은 마음이 생긴다. 둘째 아이가 공격적인 행동을 보이지 않을 때 칭찬을 해주면 공격적인 행동이 줄어들 수 있다. 또한 아이가 공격적인 행동을 할 때는 공격성이 발현되는 시기라서 그런 것도 있지만 관심이 부족해서일 수도 있다. 아이와 보내는 시간을 충분히 확보하고 관심과 애정을 표현해 주는 것만으로 문제 행동이 줄어들기도 한다.

또한 첫째와 둘째를 비교하지 말아야 한다. 첫째의 발달과업과 둘째의 발달과업은 당연히 다를 수밖에 없다. "넌 아직 아기라서 못해", "넌 왜 이렇게 떼를 쓰니?"라는 말은 둘째에게 열등감을 심어줄 수 있다. 게다가 부모의 말을 들은 첫째까지 동생을 무시하게 된다. 그러므로 첫째의 나이에 할 수 있는 것과 둘째의 나이에 할 수 있는 것을 각각 인정해 주어야 한다. 다음은 서로 비교하지 않고 아이들의 수준과 능력을 인정해 주는 말이다.

"형도 어릴 때 못했어. 지금부터 열심히 연습하면 너도 할 수 있어."
"동생은 아직 어려서 배우는 중이야. 배우면 할 수 있어."
"네 살은 이걸 할 수 있고, 여섯 살은 이걸 할 수 있어."
"은하는 이걸 잘하고, 우주는 이걸 잘하네."

첫째에게 본보기를 강요하지 말 것

우주와 외출하고 집에 오는 길에 많이 걸어서 피곤했는지 우주가 힘들어했다. "우주야, 엄마한테 안길래?"라고 물으니 "엄마 힘들잖아"라며 괜찮다고 했다. 폭풍 같은 네 살이 지나고 다섯 살이 되자 우주가 훌쩍 커버렸다. 기분에 따라 자기중심적으로 생각하던 많은 것을 이타적으로 생각할 줄 알게 됐다. 내 손을 잡는 걸 좋아하던 우주는 은하에게 자신의 자리를 흔쾌히 내어주고 동생에게 모범을 보이기 위해 더 씩씩하게 행동하는 모습을 보이기도 했다. 그런 모습을 볼 때면 훌쩍 커버린 우주가 대견하면서도 동생이 생겨 너무 빨리 어른스러워진 건 아닐까 측은해지기도 했다.

대한민국 첫째들은 책임감이 강하다. 동생에게 모범을 보여야 하고 동생을 잘 이끌어야 한다고 배우며 자란다. K-장남, K-장녀라는 말이 있을 정도다. 의도하지 않아도 첫째란 자리는 아이를 일찍 철들게 만들기도 한다. 그러므로 첫째가 장남, 장녀로서 부담감을 과도하게 느끼지 않도록 부모는 말과 행동을 신중하게 해야 한다. 단지 첫째라는 이유로 모범적이고, 희생적으로 살아야 할 이유는 없기 때문이다.

"형 봐봐. 잘하지? 형처럼 해봐."

"형이니까 동생한테 양보해야지."

"형이 잘해야 동생이 보고 배우지."

"형이 그렇게 하면 안 되지. 동생이 따라 하잖아."

"형이니까 기다려. 동생 먼저 해줘야 해."

"다 컸으니까 혼자 해. 동생은 아직 아기잖아."

"엄마 힘들어. 너라도 좀 그만해."

"엄마 올 때까지 동생 위험한 거 못하게 잘 보고 있어."

이런 말은 첫째에게 책임감과 모범적인 행동을 강요하고, 참고 희생해야 한다는 신념을 심어주게 된다. "형처럼 잘해봐"라는 말은 첫째가 둘째에게 모범을 보여야 한다는 의미를 내포하고 있다. 하지만 첫째가 둘째보다 나이가 많다는 이유로 모범적인 행동을 해야 할 필요는 없다. 옳은 행동은 그 자체로 당위성을 가지는 것이지 둘째에게 본보기가 되기 위해 해야 하는 것이 아니다. 첫째도 때로는 어리광도 부리고 떼도 쓸 수 있는 어린아이다. 부모의 이런 말은 첫째가 자신의 의사와 관계없이 착하게 행동하도록 강요한다.

"형이니까 양보해야지"라는 말 역시 자기가 원하는 것보다 동생을 배려하는 것이 중요하다는 인식을 갖게 한다. 물론 다른 사람을 배려하는 건 중요하지만 자기의 욕구를 알아차리고, 자기가 느끼는 감정을 존중받는 것 또한 중요하다. 이것은 어린 시절에 충분히 누려야 하는 것이다. 자기의 욕구나 감정을 존중받는 경험을 통해 자신을 사랑하고 타인에 대한 공감 능력도 기를 수 있다. 그런데 첫째라는 이유로 배려받지 못하고 희생해야 한다면 마음속에는 억울함과 동생에 대한 미움이 자라나게 될 것이다. 그리고 타인과의 관계에서도 자신의 희생을 당연하게 생각하거나 피해의식을 갖게 될 수도 있다. 그러므로 "형이니까 양보해야지"라는 말 대신 규칙을 정해서 첫째와 둘째 모두에게 동등하게 적용해야 한다.

또한 첫째는 둘째의 보호자가 될 수 없다. "동생 위험한 거 못하게 잘 보고 있어"라는 말은 동생을 책임져야 한다는 부담감을 느끼게 한다. 동생을 책임질 수 있는 능력이 없는 첫째에게 동생을 지키라고 하거나 문제가 일어났을 때 첫째를 탓하는 것은 부모로서 잘못된 행동이다. 위험한 상황이 발생한다면 첫째가 죄책감을 가질수도 있다. 첫째와 둘째는 동등한 위치에 있고 아이들의 보호자는 언제나 부모다.

첫째가 훌쩍 자라 엄마의 손길이 덜 필요하더라도 가끔 첫째를 품어주는 시간이 필요하다. 혼자 할 수 있지만 엄마가 해주기도 하고, 때로는 어부바를 하며 어렸을 때를 추억해 보는 것이다. 첫째라서 당연한 것은 없다. 첫째에게도 "안기고 싶을 때는 안기고, 울고 싶을 때는 울고, 하고 싶은 게 있으면 해도 돼"라고 말해주자.

그래도 시간은 지나고 아이들은 자란다

아이들이 변했다. 정신없이 육아하던 시기를 지나 이제는 '둘 낳길 잘했어' 하며 아이들을 흐뭇하게 바라본다. 은하에게 수유를 하는 것도, 은하를 재우러 가는 것도 기다려주지 않던 우주는 이제 그 시간을 힘들어하지 않는다. 은하가 자기 장난감을 만지는 것도, 은하가 가까이 오는 것도 싫어하던 우주는 이제 은하와 함께 놀기 위해 은하가 좋아하는 놀이를 기꺼이 한다. 뭐든지 은하보다 먼저 해야 하고, 은하보다 많이 가져야 했던 우주는 순서를 양보하기도 하고 자기 것을 나눠줄 줄 안다. 갖고 싶은 건 뭐든 뺏고 봐야 했던 은하는 형이 장난감을 다 가지고 놀 때까지 기다린다. 예전에는 아이들에게 영상을 보여줘야 저녁 준비를 할 수 있었는데 이제는 저녁 준비를 하는 동안 둘이 노느라 보채지 않는다. 주말 아침이면 우리 부부는 늦잠을 자고 일찍 일어난 아이들은 거실에 나와 논다. 한 명이 아파 가정 보육을 하는 날에는 다른 한 명이 어린이집에서 돌아오기를 손꼽아 기다린다. 아이 한 명만 있는 것보다 둘 다 있는 날의 육아가 더 편하기까지 하다. 둘이 싸우기는 해도 언제 그랬냐는 듯 금방 화해하기도 한다. 닿지 않을 것만 같던 내 노력은 결국 아이들에게 닿고 있었다. 하지만 그것보다 더 중요한 것은 '아이들은 자란다'라는 것이다.

만약 한 명의 아이만 키웠다면 여전히 육아는 어려웠을 것이다. 엄마가 된 이후 내 삶은 아이를 중심으로 돌아갔다. 먹고, 자고, 노는 건 다 아이에 맞춰져 있었고 예민한 엄마가 됐다. 아이가 먹는 것도 친환경 재료로 직접 만들고, 집은 항상 정돈돼 있었다. 아이가 잠든 후에는 장난감을 소독하고 위생을 청결하게 유지했고, 아이가 깨어 있으면 온종일 아이에게 붙어 있었다. 나의 육아 방식을 남편에게, 양가 어른에게 강요하기도 했다. 그 모든 건 오직 아이를 위한 마음이었다. 하지만 둘째 아이를 낳고 나서야 '내려놓음'을 배웠다. 나는 슈퍼맘이 아니었다. 사람의 시간과 에너지는 정해져 있었기에 모든 걸 다 해내는 건 역부족이었다. 아이가 두 명이 되면서 한 명에게 집중하던 에너지를 적절히 분배할 줄 알게 됐다. 때로는 못 보는 부분도 있고, 때로는 의도적으로 보지 않는 부분도 생겼다. 아이를 위해 한다고 했던 것이 아이를 위한 것이 아닐 수도 있다는 걸 알게 됐다. 그리고 아이는 부모가 통제해야 하는 존재가 아니라 함께 살아가는

존재라는 걸 깨달았다. 덕분에 아이뿐만 아니라 나와 우리 부부의
시간도 소중하게 챙기게 됐다.

둘째를 낳으면 가장 좋은 점은
'둘째를 낳을까?' 하는 고민이 없어진다는 것이다.

둘째를 낳지 않아서
후회하는 사람은 많지만

둘째를 괜히 낳았다고
후회하는 사람은 못 봤다(?)

둘째가 세 돌 가까이 되니

아이 둘이 노는 걸
흐뭇하게 바라보며

남편과 커피 타임을 즐기는 것도
좋은 점 중 하나다.

시간이 흐를수록 더욱 좋은 아이 둘 맘!

둘째를 낳으면 좋은 점

　은하를 임신하고 했던 고민 중 하나는 '둘째를 우주만큼 사랑할 수 있을까?'였다. 이 세상에 우주보다 더 사랑스러운 아이는 존재할 리가 없었다. '내가 지금까지 누군가를 이토록 사랑해 본 적이 없는데, 이보다 더 큰 사랑이 존재한다고?' '둘째는 존재만으로 사랑'이란 말을 수도 없이 들었지만 믿을 수 없었다.

　그런데 은하를 낳고 또 다른 사랑이 존재한다는 것을 알게 됐다. 집에 있는 우주가 걱정되고 보고 싶은 마음은 굴뚝 같았지만 배 속에서 막 나온 작고 여린 생명체는 감동 그 자체였다. 조리원에서 나와 은하를 데리고 집에 온 순간부터 은하 때문에 힘든 적은 없었다. 세 시간마다 꼬박꼬박 밤수유를 할 때도 사랑스러웠고, 분유를 달라며 떼를 써도 귀여워서 사진부터 찍었다.

하루 종일 칭얼대도 그래봤자 아기였다. 이미 다 해본 것이었기에 그저 귀엽기만 했다. 은하는 우주보다 고집이 셌고 활동적이었으며 떼도 엄청 심했다. 은하의 재접근기는 꽤 매운맛이었지만 그럼에도 힘들지 않았다. 사랑하지만 뭘 하든 걱정되고 어렵기만 했던 우주와 달리 은하는 울어도, 웃어도, 화내도 그저 귀여웠다. 이런 무조건적인 사랑을 할 수 있는 힘이 내 안에게 있다는 것을 또다시 알게 됐다.

은하를 낳으니 '둘째를 낳을까, 말까?' 하던 고민이 해결됐다. 은하가 우리에게 온 날부터 고민이 무색해질 만큼 사랑스러웠다.

'내가 이렇게 귀엽고 사랑스러운 생명체를 낳았다니! 정말 잘한 일이야!'

은하가 돌이 되면서 죽어가던 나의 육아에 한 줄기 빛이 보이기 시작했다. 그러다 은하가 두 돌이 되니 두 돌 매직이 일어났다. 그전까지는 "둘째 낳을까?" 하는 친구에게 선뜻 둘째를 권하지는 못했다. 왜냐하면 한 명을 키우는 것보다 두 명을 키우는 것이 엄청나게 힘들기 때문이다. 은하가 귀엽고 사랑스러운 것과 별개로 우주가 은하를 받아들이기 힘들어했다. 그 과정에서 본의 아니게 우주를 혼내고 탓하는 일이 많아졌다.

하지만 은하가 두 돌이 지나고 우주가 다섯 살이 되자 서로에게 적응하기 시작했다. 우주도 은하를 많이 봐줬고 은하도 제법 눈치가 생겼다. 나 또한 좀 더 노련한 엄마가 됐다. 우주의 마음을 더 이해하게 됐고 개구쟁이 은하를 다루는 법도 알게 됐다. 남편도 나도 서로를 안쓰러워하며 서로를 배려하는 법을 배워갔다.

은하가 30개월에 진입하면서 아이 둘을 함께 돌보는 일이 더 수월해졌다. 한 명만 있으면 나에게 "심심해. 놀자. 이거 도와줘. 저거 해줘" 하던 아이들이 같이 있으면 나를 찾지 않고 둘이 논다. 방에 들어가서 무슨 재미난 공작을 펼치는지 나는 들어오지도 못하게 한다. 어눌한 발음으로 논리도 없이 말하는 은하가 우주와 대화를 하는 걸 방문 밖에서 엿들으며 너무 귀여워서 소리 죽여 웃을 때도 많다. 형이 좋아하는 로봇 놀이를 배워서 "살려주세요" "안 돼!" 하면서 악당을 물리치며 노는 걸 볼 때면 '이게 바로 행복이구나' 싶다.

아이 한 명을 낳는 것은 나의 희생을 담보로 해야 하는 일이라는 걸 너무 잘 알고 있었기에 둘째를 가지는 일은 첫째를 갖는 일보다 더 어려운 선택이었다. 그래서일까? 뱃속에서 둘째의 태동을 느끼는 순간이면 왠지 모를 두려움과 걱정에 가슴이 턱 막혀오기도 했다. 예상한 대로 은하가 태어난 후로는 내가 모르는 또 다른 육아의 세계가 있다는 걸 절실히 깨닫게 됐다.

하지만 진부한 표현이라 생각했던 '둘째를 낳으면 사랑이 두 배'라는 말은 꼭 내 마음과 같았다. 힘들고 고된 마음은 두 아이의 웃음 소리에 먼지처럼 사라졌고 잠든 두 아이의 모습을 보면 하루의 피로가 싹 가셨다. 게다가 내가 사랑하는 두 아이가 서로 사이좋게 놀 때면 내가 엄청나게 대단한 일을 한 것 같은 생각이 들었다.

두 배 쉬워지는 애 둘 육아 수업

어찌보면 아이 둘을 낳고 가장 큰 혜택을 누리는 사람은 아이들의 사랑스러운 모습을 두 배로 만끽할 수 있는 유일한 사람, 바로 부모가 아닐까 싶다.

시기별
두아이 훈육법

둘째가 돌 전이라면

첫째 아이의 물건을 인정해주기

은하가 배밀이를 시작하자 우주에게 은하는 경계의 대상이 됐다. 이전까지는 동생이 엄마의 사랑을 빼앗는 존재였다면 이제는 장난감까지 빼앗는 존재로 변모하게 된 것이다. 우주는 어릴 때부터 장난감에 소유욕이 강했고 경계가 확실한 아이였다. 부모조차도 우주의 독립된 공간을 지켜줘야 하는 경우가 더러 있었는데 그런 경계를 허물고 망설임 없이 자신에게 돌진해 오는 은하가 때로는 우주에게 두려운 대상이 되기도 했다. 장난감 쟁탈전이 반복되자 우주는 은하가 가까이 오기만 해도 소리를 지르고 손을 내저었다. 은하가 장난감을 빼앗기라도 하면 주먹으로 은하의 머리를 때리기도 했다. 어른인 나는 소유의 개념을 모르는 은하의 행동이 이해가 됐지만 은하의 행동을 이해하기에 우주는 너무 어렸다. 우주의 잘못된 행동에만 집중해서 훈육하길 몇 차례, 우주의 마음속에는 억울함이 쌓여갔다. 마음 한편에 자리 잡은 은하에 대한 미움이 더 커지기 전에 훈육 방법을 개선했다.

먼저 동생이 첫째 아이의 장난감에 손을 대기 전이나, 첫째 아이가 동생을 때리기 전에 개입하는 것이 중요하다. 첫째 아이가 동생을 때리는 행동이 반복되면 더욱 강화될 뿐만 아니라 첫째 아이의 마음에 죄책감이 커지게 된다. 또한 부모에게 지속적으로 혼나는 경험이 쌓이면 '나는 말썽쟁이야'라는 마음에 자존감이 떨어질 수 있다. 둘째 아이 역시 자신을 때리는 첫째 아이에 대한 부정적인 정서가 생기게 돼 둘의 정서적 거리가 멀어질 수 있다. 이미 동생을 때렸더라도 "동생 때리면 안 돼!"를 먼저 외치기 전에 둘째 아이에게 다른 장난감을 주며 "이건 형 거야. 네 거는 이거야" 혹은 "형이 만들어놓은 거 망가뜨리면 안 돼"라고 첫째 아이의 물건임을 인정해 주고 아이의 억울함을 달래줘야 한다. 훈육할 때 제일 중요한 건 아이가 엄마의 말을 들을 준비가 돼 있어야 한다는 것이다. 울고 떼쓰고 있는 아이에게 아무리 옳은 말을 한들 아이의 마음속에 닿지 못한다. 특히 억울한 마음이 있을 때는 되려 반항심이 생길 수도 있다. 그러므로 동생이 첫째 아이의 장난감을 뺏거나 작품을 망가뜨리는 경우 "안 돼. 이건 형아 거야" 하고 첫째 아이 물건을 지켜줘야 한다. 첫째 아이의 물건을 인정해 주면 아이는 금방 흥분을 가라앉힌다. 그 이후에 때리면 안 된다는 규범을 알려준다. "이거 네 거 맞아. 그렇다고 동생을 때리면 안 돼."

인정하는 말을 먼저 하는 것과 하지 않고 훈육하는 것은 다른 결과를 초래한다. 동생을 때린 것을 나무라기만 한다면 훈육 후에 "엄마 미워!"라는 말을 할 수도 있다. 하지만 아이의 마음을 읽어주는 말을 먼저 한 후 훈육한다면 억울한 마음보다는 '동생이 뺏은 건 맞지만 그렇다고 동생을 때린 건 잘못된 일이야'라는 규범을 배울 수 있다. 동생과의 관계에서 억울한 일을 겪은 첫째의 마음을 부모가 알아주느냐 아니냐는 동생과의 정서적 거리에 큰 영향을 미친다. 억울한 마음이 쌓이면 동생을 미워하게 되지만 억울한 마음을 해소하면 동생에 대한 이해와 애정이 쌓이게 된다.

> **루비쌤의 훈육 tip**
>
> 둘째 아이가 첫째 아이의 장난감을 뺏는 상황
>
> ★ "이건 형 거야. 네 거는 이거야." 둘째 아이에게 말해주세요.
> ★ "이거 네 거 맞아." 첫째 아이의 물건임을 인정해 억울함을 달래주세요.
> ★ "그렇다고 동생을 때리는 건 안 돼." 첫째 아이가 진정하면 올바른 규범을 알려주세요.

두 배 쉬워지는 애 둘 육아 수업

'금지' 후에는 '대안' 알려주기

아이들의 갈등을 중재할 때 "안 돼"라고 말하고 나서는 반드시 '대안', 즉 '어떻게 해야 하는지'를 덧붙여야 한다. "때리면 안 돼"라고만 하면 자신의 경계를 침범당했을 때 참기만 하라는 의미로 전달될 수 있다. 어린아이에게 참는 것은 어려운 일이기도 하지만 참기만 하는 것은 옳지 않다. 특히나 집에서는 서로에게 참지 않고 뺏고 때리는 아이들도 밖에서는 입을 꾹 다물고 참는 경우가 많다. 그렇기에 장난감을 뺏겼을 때 '어떻게' 해야 하는지 알려주는 것이 중요하다.

둘째 아이가 돌 전이라면 보통 둘째 아이가 첫째 아이의 장난감을 뺏을 때, 만들어놓은 작품을 망가뜨릴 때 두 가지 경우에 갈등이 발생한다. 이 경우 첫째 아이가 동생의 방해를 막으려고 하다가 의도치 않게 동생을 때리게 되는데 이건 아이의 잘못이라기보다는 자신의 것을 지키기 위해 나온 방어라고 볼 수 있다. 앞에서 말한 대로 **첫째 아이에게 훈육했다면 마지막에는 꼭 대안을 알려준다.**

> "동생이 방해할 때는 때리지 말고 '엄마 도와주세요!'라고 말하면 돼. 그럼 엄마가 돌려줄게."

그리고 동생의 손에 있는 것을 가져오기 위해 동생에게 다른 물건을 주고 바꿔서 가져가도록 알려준다. "이건 형 거니까 너는 이거

PART 1. 애 둘 육아를 두 배 쉽게 하는 법

할래?" 이렇게 말하고 동생 손에 있는 장난감을 가져가는 연습이 충분히 된다면 동생과의 갈등이 점차 사라지게 된다. 동생과의 경험을 통해 기관에서도 친구들과의 관계를 어떻게 맺어나가야 하는지 자연스럽게 배울 수 있다. 물론 오늘 가르쳤다고 해서 내일 바로 행동하지 않을 것이다. 아이의 변화는 시간이 해결해 줄 일이고 부모는 가르쳐야 할 것을 가르치면 된다.

> **루비쌤의 훈육 tip**
>
> 첫째 아이가 둘째 아이를 때린 상황
>
> ★ "그럴 때는 엄마에게 '도와주세요'라고 말하는 거야."
> '금지'를 했다면 '대안'을 알려주세요.
>
> ★ 아이 둘의 갈등을 올바른 규범을 배울 수 있는 기회로 봐주세요.
>
> ★ 바로 바뀌지 않아도 일관되게 가르쳐주세요.

칭찬으로 강화하기

동생을 때리면 안 된다고 수도 없이 말했는데 왜 내 말이 우주에게 닿지 않을까 고민하던 어느 날, 우주가 "엄마, 도와주세요!"라고 도움을 요청했다. 분명 몇 분 전에도 은하를 때려서 혼났는데 말이다. 나는 이 기회를 놓치지 않고 "우주야, 진짜 잘했어! 하이파이브

하자!"라고 했다. 우주는 뿌듯한지 환하게 웃으며 하이파이브를 했다. "엄마 아까도 은하 안 때리고 다른 장난감이랑 바꿔줬어"라고 덧붙이는 말을 들으며 내가 칭찬을 놓쳐버린 순간이 많을지도 모른다고 생각했다.

아이를 키우다 보면 아이에게 부족한 점만 보인다. 다른 아이의 장점은 잘 찾으면서 왜 내 아이의 장점은 찾기 어려울까. 그건 아마도 객관적으로 바라보기가 어렵기 때문일 것이다. 하지만 부모는 아이의 잘못된 행동보다 잘한 행동을 찾는 눈을 가져야 한다.

동생이 생기면 온순하기만 하던 첫째 아이가 하루에도 몇 번씩 동생을 때리는 일을 마주하게 된다. 그때 "때리면 안 돼!"라고 엄하게 훈육하는 것은 물론 필요한 일이다. 하지만 엄한 훈육은 '부정적인 피드백'인 경우가 많다. 아이가 부모에게 부정적인 피드백만 받게 되면 '나는 남을 때리는 나쁜 사람이야'라는 부정적인 자아상을 가질 수 있다. 만약 둘째가 첫째를 방해할 때 첫째가 둘째를 때리지 않고 엄마에게 도움을 요청하거나 말로 해결하려고 한다면 꼭 칭찬을 해줘야 한다.

"동생이 장난감 뺏었는데 때리지 않고 엄마한테 도와달라고 한 거야? 정말 잘했어. 하이파이브하자!"

칭찬해 주면 아이는 올바른 행동을 강화할 수 있다. 혼나면서 배우는 것보다 칭찬을 통해 배우는 것이 더 효과적일 때가 많다.

놀이 공간 분리하기

우주는 몸으로 하는 놀이보다 손으로 하는 놀이를 더 좋아했다.
두 돌 무렵부터 자리에 앉아서 나와 함께 종이에 끼적이는 것을 즐
겼다. 하원 후에도 놀이터에서 놀기보다는 집에 와서 바다 동물을
색칠하는 데 시간을 보내곤 했다. 이외에도 블록으로 배나 자동차
를 만들고 퍼즐을 맞추는 등 한자리에 앉아서 완성품을 만드는 것
을 즐겼다. 은하가 태어나서도 기어다니기 전까지는 은하의 방해를
받지 않고 놀 수 있었다. 그런데 은하가 기어다니자 우주를 따라다
니기 시작했다. 은하가 우주의 작품에 손을 대면 우주가 공들여 만
들어놓은 것들이 망가졌다. 우주에게 은하는 자신을 방해하는 사람
이 돼버렸다. 두 아이가 같은 공간에 있으면 1분도 지나지 않아 망
가뜨리고, 소리 지르고, 때리고, 우는 과정이 반복됐다.

현명한 부모라면 둘 다 잘못이 없다는 것을 안다. 둘의 갈등은 발

달 차이에서 오는 당연한 결과다. 돌 전후의 아기는 맛보고, 만지면서 사물을 탐색한다. 퍼즐이나 미술 작품, 블록을 완성했을 때의 성취감을 알지 못한다. 반면 세 돌 무렵부터는 창작의 재미를 즐기는 시기다. 하지만 안타깝게도 두 아이는 서로의 발달 차이를 이해하지 못한다. 그러므로 서로 이해해 주기를 바라기보다는 애초에 둘이 부딪힐 상황을 피하는 것이 좋다. 첫째 아이가 방해받지 않기를 원한다면 높은 식탁이나 다른 방에서 놀 수 있도록 도와준다. "동생이 만지면 안 되는 놀이를 할 때는 식탁에서 하자"라고 말하며 식탁으로 퍼즐이나 만들기를 옮겨준다.

둘째 아이가 자라 8개월 정도가 되면 손이 식탁에 닿는다. 그러면 평온했던 둘 사이에 다시 위기가 찾아온다. 이 경우 첫째 아이의 방을 만들어 놀이방에서 놀 수 있도록 알려준다. 이때 안전문을 사용하면 방문을 닫지 않고도 방해받지 않는다. 만약 첫째 아이가 엄마와 함께 놀고 싶어 한다면 둘째 아이가 자는 시간을 활용할 수 있다. 물론 아이가 당장 놀고 싶다고 이를 거부할 수도 있다. 그럴 때는 맛있는 간식이나 비타민 사탕을 주며 "동생 잘 때 엄마랑 데이트하자" 하고 귀에 속삭여보자. 그러고 나서 꼭 아이와 둘만의 시간을 보내야 한다. 처음에는 아이도 엄마도 쉽지 않다. 하지만 시간이 지나면서 동생의 방해를 받지 않기 위해서는 동생과 떨어지거나 방해받지 않는 시간에 놀아야 한다는 것을 배우게 될 것이다.

둘째 아이가 첫째 아이를 방해할 때

★ 둘의 공간을 분리해 주세요.

★ 식탁 위나 다른 방 등 독립적인 공간에서 놀도록 해주세요.

★ 둘째 아이가 자는 시간을 활용해서 첫째와 함께 충분히 놀아 주세요.

동생이 크면 함께 할 수 있는 일을 설명해 주기

둘째 아이가 두 돌 정도는 넘어야 첫째 아이와 노는 시간이 생기기 시작한다. 그전까지는 같은 공간에 함께 있지만 따로 놀거나 장난감 쟁탈전을 벌이는 경우가 대부분이다. 그렇기에 둘째가 두 돌 전까지는 첫째 아이에게 동생의 존재가 그렇게 달갑지만은 않을 것이다. 어른들은 형제자매가 얼마나 소중한 존재인지 알고 있다. 하지만 동생이 처음 생긴 아이는 동생과 의미 있게 보낸 시간이 없기에 동생의 소중함을 알기 어렵다. 오히려 동생이 생긴 뒤로 엄마의 관심과 사랑을 빼앗기고, 놀이 시간을 방해받은 경험 때문에 동생에 대해 부정적인 정서가 자리 잡게 된 경우가 많다. 그러므로 동생이 크면 첫째 아이와 할 수 있는 일에 대해 설명해 주는 것이 동생에 대한 긍정적인 정서를 갖는 데 도움이 된다.

"놀이터에 갔을 때 친구 있으면 좋지? 동생이 있으면 놀이터에 친구가 없어도 동생이랑 놀면 돼."

"집에서도 엄마가 설거지할 때 혼자 놀지 않고 동생이랑 같이 블록 만들고 놀 수도 있어."

"목욕놀이할 때도 동생이랑 같이 욕조에 들어가서 물장난 치면 엄청 재밌어. 엄마도 이모랑 그렇게 놀았어."

"어린이집 버스 탈 때도 혼자 타지 않고 동생이랑 같이 탈 수 있어. 진짜 신나겠지?"

"잘 때도 동생이랑 재미있는 얘기하다가 잘 수 있어."

"동생이 지금은 말을 못 하지만 말할 줄 알게 되면 차에서도 둘이 재미있는 얘기하면서 갈 수 있어."

"동생이 뛰어다닐 수 있게 되면 같이 잡기 놀이도 할 수 있어."

이처럼 동생이 걷고, 뛰고, 말할 수 있고, 어린이집에 가면 함께할 수 있는 일에 대해서 구체적으로 이야기해주자. 실제로 은하가 어릴 때 우주에게 이런 이야기를 자주 했다. 그러다 은하가 자라서 우주에게 했던 말이 실현되자 우주가 그 말을 기억하고 종종 내게 말해준다.

"은하랑 어린이집 같이 갈 수 있어서 좋아. 원래는 버스 타면 조금 슬펐는데 은하가 있으니까 외롭지 않아."

"은하가 말을 잘하게 돼서 좋아. 같이 얘기하는 거 재밌어."

"은하가 커서 같이 목욕놀이하니까 좋아. 예전에는 은하가 어려서 같이 못 해서 심심했어."

은하가 자라서 같이 놀 수 있기만을 기다린 것처럼 요즘 우주는 은하와 시간을 함께 보내려고 노력한다. 아직 은하는 우주만큼 사회성이 발달하지 않아서 우주와의 놀이에 적극적으로 참여하지 못하지만 우주의 노력 덕분에 둘이 노는 시간이 늘어나고 있다. 둘째를 낳고 가장 행복한 순간이 아이 둘이 서로 바라보며 깔깔대고 놀고 있는 모습을 볼 때다. 한 명만 낳았으면 몰랐을 아픔과 시련도 있지만 한 명만 낳았으면 몰랐을 행복과 보람 또한 있다. 앞으로 아이들은 함께할 수 있는 것이 점점 늘어날 것이다. 서로가 소중한 존재가 되기 위해서는 유아기 때부터 긍정적인 정서적 유대 관계를 쌓아놓아야 한다. 둘 사이의 정서적 관계는 부모의 말과 행동을 통해 형성될 수 있다.

루비쌤의 훈육 tip

동생이 어려서 첫째 아이와 할 수 있는 것이 없을 때

★ 둘째 아이가 두 돌 무렵부터 첫째 아이와 함께할 수 있는 것이 생겨요.

★ 동생이 크면 첫째 아이와 할 수 있는 것에 대해 설명해 주세요.

★ 아이 둘의 정서적 관계는 부모의 말과 행동을 통해 형성될 수 있어요.

두 배 쉬워지는 애 둘 육아 수업

동생의 상황 설명해 주기

어린이는 아기를 이해하지 못한다. 불과 얼마 전까지 자신이 했던 행동인데 언제 그랬냐는 듯 그 과정을 까맣게 잊어버린다. 첫째 아이의 눈에 동생의 행동은 전부 수수께끼다. 장난감을 가지고 놀지 않고 왜 빨기만 하는지, 분유는 왜 그렇게 자주 먹는지, 잠은 왜 수시로 자는지, 왜 자꾸 울고 보채는지 알 수 없는 것투성이다.

"엄마, 은하 우유 먹이지 마! 아까 먹었잖아."

은하가 하루에 여덟 번씩 모유를 먹던 시기에 우주는 내가 은하에게 모유 수유를 하는 것을 싫어했다. 수유 시간이 되면 자신과 놀다가도 은하에게 가버렸기 때문이다. 그걸 3, 4시간마다 하고 있으니 기다리는 우주 입장에서는 당연히 싫을 수밖에 없었다. 그럴 때마다 아무런 설명 없이 참고 기다리게 하기보다는 동생이 왜 모유를 자주 먹어야 하는지 아이 눈높이에 맞게 설명을 했다.

"우주는 하루에 밥을 세 번 먹지? 은하처럼 작은 아기는 하루에 밥을 여덟 번을 먹어. 우유를 여덟 번 먹지 못하면 배가 고파서 엉엉 울어. 우주도 아기 때 그랬어. 우주는 열 번 먹기도 했어. 은하 우는 소리 엄청 크지? 말을 못 하니까 하고 싶은 말이 있을 때는 엉엉 우는 거야. 우는 게 말하는 거거든."

어른은 이미 지식과 경험을 통해 아기의 성장과 발달에 대해 알고 있지만 첫째 아이에게 아기는 낯설고 불편한 존재다. 첫째 아이가 어리면 동생의 상황을 설명해도 전혀 알아듣지 못하는 것 같기도 하다. 하지만 돌만 지나도 쉬운 어휘로 구성된 간단한 문장과 상황 맥락을 통해서 어른의 말을 조금씩 이해할 수 있다. 아이가 어려도 다 듣고 있으니 설명해 주는 일을 소홀히 하지 않아야 한다. 여기에 덧붙여 동생에게 수유하는 시간 동안 첫째 아이가 소외되지 않게 집중할 수 있는 놀이를 찾아주면 좋다. 아이는 단순히 "기다려야 해"라는 말보다 "퍼즐하면서 기다리면 돼"라는 메시지를 더 잘 받아들인다.

이런 작은 노력이 모여 형제자매 관계의 단추를 하나씩 잘 끼워나갈 수 있다. 그리고 동생을 통해 타인에 대한 이해의 폭이 넓어지고 타인을 배려하는 태도를 배울 수 있다.

루비쌤의 훈육 tip

★ 첫째 아이에게 동생이 왜 그렇게 행동하는지 설명해 주세요.

★ 기다리는 시간 동안 할 수 있는 놀이를 알려주세요.

★ 반복해서 얘기해 주면 어린아이도 이해할 수 있어요.

"물!"

"은하 물 줄까? 잠시만."

"내가 줄 거야. 엄마가 주지 마."

우주는 밥을 먹다 말고 의자에서 내려와 정수기로 달려갔다. 정수기에서 물을 받아 은하에게 주는 일은 우주 담당이다. 그건 누가 하라고 시킨 것도 아니고 오직 재미로 하는 일이다. 이외에도 영양제 뚜껑을 열어 영양제를 은하에게 나눠주는 일, 로봇을 자동차로 변신시키는 일, 귤껍질을 까주는 일, 은하가 화장실 갈 때 불을 켜고 꺼주는 일은 모두 우주가 원해서 하는 일이다. 그 일을 누가 가로채기라도 할까 봐 놀던 것도 황급히 멈추고 은하를 도와준다. 왜 이렇게 동생을 도와주고 싶어서 안달이 난 걸까? 귀찮은데 억지로 하는 건 아닐까 염려되는 마음도 들었지만 우주는 은하를 도와주는 일을 즐기고 있었다. 오히려 은하에게 도움이 되는 걸 자랑스러워했다.

우주는 은하를 도울 때마다 자기효능감에 연료를 채우고 있는 것이었다. 자기효능감은 자기 자신에게 가지는 긍정적인 자아 평가나 자신감을 말한다. 자기효능감이 높은 사람은 '나는 다른 사람에게 도움되는 사람이야', '나는 할 줄 아는 게 많아'와 같이 스스로에게 긍정적인 태도를 가진다. 동생을 돌보는 일은 첫째 아이에게 자기효능감을 높일 수 있는 기회를 주는 일이다. 동생에게 도움이 될 때마다 자신이 가족 구성원에게 도움이 되는 소중한 사람이라는 생각을 할 수 있다. 또한 동생을 돌본 경험을 통해 가정 밖에서도 다른 사람에게 도움의 손길을 내밀 수 있는 사람으로 성장할 수 있다.

둘째 아이 역시 첫째 아이의 도움을 받으며 첫째 아이를 연장자로 존중하는 마음을 갖게 된다. 동생을 돌보며 또 형의 도움을 받으며 두 아이는 돈독한 관계를 맺게 될 것이다. 둘째가 태어나 집에 오면 첫째 아이에게 아주 작은 일부터 도움을 요청해 보자.

이때 주의해야 할 점이 있다. 첫째 아이에게 동생 돌보는 일을 잘못된 방식으로 요구하면 자신의 욕구를 먼저 보살피지 못하고 동생에게 과도한 책임감을 가질 수 있다. 그렇기에 동생을 돌보는 일을 첫째 아이에게 강요하지 않아야 한다. 나는 우주가 첫째라는 자리에 무게감을 느끼지 않도록 은하를 돌보는 일을 강요하지 않았다. 자율적으로 참여하도록 해 은하를 돌봐야 한다는 부담과 스트레스를 느끼지 않도록 조심했다. 우주의 도움이 필요할 때는 명령형으로 말하기보다는 "우주야, 은하 좀 도와줄 수 있어?" 하고 의사를 물어봤다. 이건 우주의 도움을 당연하게 생각하지 않는다는 표현이었다. "싫어"라고 거절하더라도 강요하지 않았다. 동생을 돌보는 일은 첫째 아이의 의무가 아니다.

다음으로 첫째 아이가 동생을 도와줬을 때 과도하게 칭찬하거나 '착한 아이'라는 프레임을 씌우지 않아야 한다. 아이들은 누구나 부모에게 잘 보이고 싶어 한다. 어떤 행동을 했을 때 부모에게 칭찬받은 경험은 그 행동을 강화시킨다. 그런데 동생을 도와주는 행동에 과도한 칭찬을 받다 보면 자신의 욕구와 상관없이 동생을 도와야만 한다고 인식할 수 있다. "착하네"라는 칭찬 대신 "고마워"라는 말로 아이의 수고를 인정해 주자. 둘째를 돌보는 일은 부모의 역할이지 첫째 아이의 역할이 돼서는 안 된다.

첫째를 위해 둘째를 일부러 혼내지 않기

은하를 낳고 우주에게 큰소리칠 일이 많아졌다. 은하가 자야 하는데 시끄럽게 할 때, 물을 쏟을 때, 양치질을 하다가 장난을 심하게 칠 때, 밥 먹다가 그릇을 엎지를 때 등 우주만 키웠을 때는 참고 넘어갈 수 있었던 일이 쉽게 넘겨지지 않았다. 그러다 보니 우주는 하루 종일 혼이 났다. 한순간에 변해버린 엄마의 모습에 우주는 동생이 태어나며 엄마가 변했다는 것을 눈치챈 것 같았다. 반면 아직 어린 아기인 은하에게는 화가 날 일이 없었기에 늘 온화한 모습으로 대하는 나를 보며 우주는 억울한 마음을 가지게 됐다.

은하가 자라서 앉고 기어다니게 되자 저지레를 하기 시작했다. 물을 쏟고 부엌의 물건을 꺼내고 변기에 손을 집어넣기도 했다. 같은 행동을 하더라도 우주에게는 화가 났고 은하에게는 화가 나지 않았다. 오히려 은하가 더 심한 행동을 해도 아기라는 이유로 모든 행동이 이해됐다. 그러다 보니 우주의 눈치가 보이기 시작했다. 그래서 은하가 심한 장난을 칠 때면 우주 들으라는 듯이 큰소리로 "이놈! 물을 쏟으면 어떻게 해! 물 쏟으면 안 되지! 혼나!" 하며 일부러 화를 냈다. 억지로 화를 내며 우주를 보니 엄마가 자기에게만 화를 내는 것이 아니라는 걸 확인하고는 만족하는 것 같았다. 그로부터 며칠 뒤 우주는 "이놈! 형 장난감 만지면 안 되지! 혼나!" 하면서 내가 했던 말을 그대로 따라 하며 은하를 혼냈다. 아이들이 부모를 보고 배운다는 건 알고 있었지만 순식간에 부정적인 말을 배운 우주를 보며 은하를 일부러 혼냈던 것을 후회했다. 동생을 혼내는 모습을 보여 우주를 기분 좋게 해줘야 한다는 것은 잘못된 생각이었음을 알게 됐다. 오히려 동생을 소중히 대하는 부모의 모습을 보며 동생을 더 사랑하고 배려해 주는 태도를 배우도록 해야 한다.

아이들은 부모가 다른 사람을 대하는 모습을 보며 자란다. 마트에서 장을 보고 "감사합니다" 하고 인사하는 모습, 엘리베이터에서 이웃을 만났을 때 "안녕하세요" 하고 인사하는 모습, 몸이 불편한 사람을 도와 무거운 짐을 들어주는 모습을 보며 타인에 대한 예의와 배려를 배

두 배 쉬워지는 애 둘 육아 수업

우게 된다. 아직 미숙한 동생을 돌보는 엄마의 모습을 보며 처음에는 질투가 날 수도 있다. 하지만 시간이 지나면 첫째 아이도 동생에게 돌봄의 손길이 필요하다는 것을 배우게 된다. 그리고 자신도 그 일에 동참하면서 보람을 느끼고 가족의 일원으로 역할을 해낼 수 있게 된다.

> **루비쌤의 훈육 tip**
>
> 동생이 저지레를 심하게 했을 때
>
> ★ 첫째 아이를 위해 동생을 혼내지 마세요.
> ★ 둘째 아이를 소중히 대하는 모습을 통해 사랑을 배울 수 있어요.

둘째 돌 이후

경쟁 대신 한 팀이 돼 협동하기

저녁 식사 시간에 밥을 꾸역꾸역 먹는 우주를 보다 못해 "은하는 벌써 다 먹었네! 우주가 형인데 은하보다 적게 먹으면 안 되지!" 하고 경쟁을 유도한 적이 있다. 그렇게 하면 잘 먹을 것이란 기대와 달리 그 말은 우주를 자극했다. "안 먹으면 은하 줄 거야!"라는 말에 기분이 상한 우주는 악을 쓰면서 울었다. 저녁 식사는 엉망이 됐고 우주는 밥을 제대로 먹지 못하고 거의 다 남겨버렸다. 형제간 경쟁을 유도하는 말을 하면 안 된다는 건 알고 있었지만 정작 꾸물대는 아이를 움직이게 하는 방법이 마땅히 생각나지 않았다. 그날 밤 잠자리에 누우니 저녁 식사 시간이 아른거려 쉽게 잠들 수 없었다. 다시는 아이 둘을 경쟁시키지 않겠다고 다짐했다.

주변을 둘러보면 형제자매 간 경쟁 구도를 만들어 아이들을 재촉하는 경우를 흔히 볼 수 있다. 장난감 정리를 할 때나 밥을 먹을 때, 외출 준비를 할 때 등 싫어하는 일을 시킬 때 경합을 붙이는 부모들이 많다. 그런데 "누가 더 빨리 하나 보자", "누가 더 많이 먹나 볼까?" 같은 말로 경쟁을 붙이면 결국 한 명은 울고 끝이 난다. 게다가 이런 경쟁 구도가 일상이 되면 아이들은 서로를 경쟁의 대상으로 보게 된다. 심지어 경쟁을 붙이지 않은 일에서도 서로를 이기기 위해 전전긍긍하게 된다. 또 사소한 일에도 순위를 따지며 늘 1등을 차지하려고 한다. 이런 경쟁적 관계에 있는 두 아이가 잘 지내기란 쉽지 않다. 경쟁으로 인해 형성된 부정적인 관계는 성인이 돼서도 이어질 수 있다. 그러므로 유아기 때부터 경쟁적 관계를 맺지 않도록 주의해야 한다.

두 아이를 경쟁시키지 않으면서 하기 싫은 일을 하게 하려면 두 아이를 한 팀으로 만들고 엄마나 아빠와 경쟁을 하면 된다. 우주는 숲어린이집에 다녀서 늘 옷이 흙투성이였다. 그래서 하원 후 집에 오면 바로 옷을 갈아입혔는데 옷을 갈아입지 않고 드러누워서 늘 갈등이 있었다. 어떻게 하면 평화롭게 옷을 갈아입게 할까 고민하다가 둘이 한 팀이 돼 나와 경쟁하도록 했다. "누가 더 빨리 옷 벗나 내기할까? 우주랑 은하 같은 편, 엄마 혼자 한 편!" 하고 말했더니 우주가 벌떡 일어나 옷을 벗기 시작했다. 자기 옷을 다 벗은 후에는 은하가 옷을 벗는 걸 도와주기까지 했다. 나는 천천히 옷을 벗으며 이길 듯 지는 연기를 했다. 은하 옷까지 다 벗긴 우주는 "우주 은하 1등! 엄마 2등!" 하고 은하와 박수 치며 기뻐했다.

장난감 정리를 시키기 위해 "우리 누가 장난감 정리 더 빨리 하나 내기할까?"라고 말하니 "우주랑 은하 같은 편, 엄마 아빠 같은 편 하자"라고 우주가 먼저 은하와 같은 편이 되기를 자처했다. 게다가 자기가 맡은 정리를 다 끝내고 은하의 장난감 정리를 도와주기까지 했다. 이렇게 형제간 경쟁을 유도하지 않고 한 팀이 돼 협동하게 하면 둘 사이가 더 돈독해진다. 형제자매의 경쟁은 건강한 관계를 맺는 데 부정적인 영향을 미친다. 대신 협동은 성과를 비교하지 않고 부족한 점을 보완하며 하나의 목표를 향해 발걸음을 맞춰나가게 한다.

루비쌤의 훈육 tip

★ 형제자매 간에 경쟁을 유도하는 말을 하지 말아주세요.

★ 둘이 한 팀이 되게 해 엄마 아빠와 경쟁하게 해주세요.

★ 형제간 경쟁은 갈등을 유발하고 형제간 협동은 우애를 깊어지게 해요.

동생의 손을 빌려 원하는 것 주기

우주는 은하가 가까이 오기만 해도 싫어하던 시절이 있었다. 우주가 힘들게 만든 블록을 망가뜨리고, 우주가 그린 그림에 낙서하는 은하는 우주에게 경계의 대상이었다. 이미 '은하=방해꾼'이라는 공식이 성립된 것처럼 보였다. 그러다 은하가 걷고 조금씩 말을 알아들으면서 변화가 생기기 시작했다. 그 비결은 바로 '은하=도움되는 존재'로 만들어주는 것이었다. 은하가 "기저귀 좀 가져다줄래?" 정도의 말을 알아들을 수 있게 되었을 때부터 은하가 우주에게 도움이 되는 상황을 만들었다. 우주에게 과자를 줄 때 바로 주지 않고 "은하야, 형한테 비타민 사탕 줄래?" 하고 은하가 주게 했다. 또 우주에게 필요한 물건도 "은하야, 형한테 곰돌이 인형 좀 갖다줄래?" 하고 은하의 손을 빌렸다. 그랬더니 우주는 은하에게 고마움을 느끼게 됐고 자기에게도 도움이 되는 존재로 인식하기 시작했다.

첫째 아이가 원하는 것을 둘째 아이의 손을 빌려서 주면 동생에 대해 호감을 갖게 될 수 있다. 부정적인 정서가 긍정적인 정서로 바뀔 수 있다.

'동생이 날 좋아하나 봐.'

'동생이 날 방해하기만 하는 건 아니네.'

'동생이랑 있으니 좋은 일이 생기네.'

이처럼 동생에게 고마움을 느끼는 일이 쌓이면 자신의 것을 나눠주기도 하고 도움을 주려고 한다.

'동생이 싫지만은 않아.'

'동생이 고맙네.'

'나도 동생을 도와줘야지.'

이렇게 동생을 떠올렸을 때 긍정적인 정서가 연상되면 틀어진 둘의 관계도 회복할 수 있다. 사람이 사람을 좋아하게 되는 건 생각보다 단순하다. 고마운 일이 쌓이면 그 사람이 달라 보인다.

루비쌤의 훈육 tip

★ 둘째 아이가 첫째 아이에게 도움이 되는 기회를 만들어주세요.

★ 둘째 아이의 손을 빌려 첫째 아이에게 간식이나 장난감을 주세요.

★ 고마움이 쌓이면 동생에 대한 긍정적인 정서가 커질 수 있어요.

둘째에게 장난감 빌리는 법 알려주기

은하가 두 돌이 되자 '두 돌 매직'이 일어났다. 아무리 가르쳐도 되지 않던 일이 하나둘씩 되기 시작했다. 특히 말을 하기 시작하면서 새로운 국면을 맞이했다. 그동안은 은하가 말을 하지 못했기에 우주와 장난감 때문에 다툴 때면 "형이 가지고 노는 건 뺏으면 안 돼. 은하는 이걸 가지고 놀자", "기다리면 형이 다 가지고 놀고 줄 거야'라고만 가르쳤다. 그러다 은하가 말을 시작하고는 장난감을 빌리는 법을 본격적으로 가르쳐줬다. "해도 돼?" "기다릴게." "고마워." 이 세 문장이 머릿속에 각인될 때까지 반복적으로 가르쳤다.

은하가 우주의 장난감을 뺏으려는 상황

우주 하지 마! 내 거야! 내가 먼저 가지고 놀고 있었잖아. 엄마 도와주세요!

나 은하야, 다른 사람 장난감을 가지고 놀고 싶을 때는 "해도 돼?" 하고 물어보는 거야. 형한테 "해도 돼?" 하고 물어보자.

은하 해도 돼?

우주 안 돼.

나 형이 안 된다고 하면 "기다릴게. 다 가지고 놀고 빌려줘" 하고 기다려야 해.

은하 기다릴게. 빌려줘.

우주 싫어.

나 우주야, 가지고 놀고 싶은 만큼 놀고 은하 빌려주는 거야. 놀고 싶은 만큼 놀아. 은하는 엄마랑 이거 가지고 놀자.

    (잠시 후)

우주 은하야, 자! 가지고 놀아!

은하 형이 줬어!

나 형이 줬네! 그럴 때는 "고마워" 하는 거야.

은하 고마워.

처음에는 순조롭게 대화가 진행되지 않았다. 우주는 빌려주기 싫다고 울고, 은하는 당장 가지고 놀겠다고 울었다. 은하에게 반년 가까이 같은 말을 반복해서 알려줘도 집에서건 놀이터에서건 어린이집에서건 갖고 싶은 물건이 있으면 묻지도 않고 뺏었다. 하지만 반복적이고 일관된 메시지는 은하를 변화시켰다. 또 은하가 우주에게 "해도 돼?"라고 물었을 때 "안 돼"라고 장난감을 빌려주는 것을 거부하던 우주도 바뀌기 시작했다. "다 하고 빌려줘. 기다릴게"라는 은하의 말은 우주의 마음을 열었고 은하에게 장난감을 빌려주는 일이 많아졌다. 은하의 "빌려줘서 고마워"라는 표현은 둘 사이의 거리를 좁혀나갔다. 집에서의 변화는 집 밖으로 이어졌다. 놀이터에서도, 어린이집에서도 늘 친구를 때리고 친구의 장난감을 빼앗던 은하는 "해도 돼?"로 시작해서 "기다릴게"를 지나 "고마워"로 이어진 3단계의 큰 산을 넘는데 성공했다.

루비쌤의 훈육 tip

★ 둘째 아이가 말을 시작하면 장난감 빌리는 법을 알려주세요.

★ "해도 돼?" "기다릴게." "고마워." 3단계를 반복적으로 알려주세요.

★ 일관되고 반복적인 훈육은 아이들을 변화시킬 수 있어요.

"은하는 왜 옷 혼자 안 입어?"

"은하는 왜 밥 먹여줘?"

"왜 놀이터에서 은하랑만 있어?"

공평하고 공정하게 아이 둘을 대하려고 노력해 온 내게 어느 날 우주가 예상치 못한 질문을 했다. 우주의 질문에 대한 답변을 준비해 두지 못했기에 "은하는 아기라서 그렇지"라고 얼버무렸다. 아이 둘을 키우다 보면 아이 입장에서 공평하지 못하다고 느끼는 순간이 있다. 공평하게 맞춰줄 수 있는 차이는 조율하는 것이 좋지만 발달 과정에서 오는 차이라면 아이들에게 서로의 차이를 알려주고 받아들이게 해야 한다. 첫째 아이의 마음이 상할까 봐 옷을 입혀주고, 밥을 먹여주면 '엄마는 동생과 자신을 무조건 똑같이 대해야 한다'라는 신념을 갖게 된다. 그래서 모든 상황에서 동등하게 해주기를 바란다. 하지만 나이가 다르고 발달 수준이 다른 아이를 동등하게 대하는 건 공평한 일이 아니다. 그러므로 아이의 억울함과 섭섭함이 쌓이기 전에 동생과 첫째 아이의 차이를 눈높이에 맞게 설명해야 한다.

그 질문을 한 날 이후로 우주가 같은 이유로 섭섭해할 때면 "스스로 할 수 있는 건 혼자 해야 하는 거야. 은하는 아직 어려서 엄마가 도와줘야 해. 은하도 열심히 연습해서 다섯 살이 됐을 때는 혼자 할 거야. 우주도 어릴 때는 엄마가 도와주고 연습해서 혼자 잘하게 된 거야"라고 나이에 따라 할 줄 아는 것이 다르다고 설명해줬다.

"스스로 옷 입고 밥 먹는 건 엄청 대단한 일이야. 어른이 돼가는 거거 든. 스스로 밥 안 먹고 먹여달라고 우는 어른은 없지? 엄마는 우주가 스스로 해내는 거 보면 대견하고 기특해"
"우주는 다섯 살만큼 커서 먹을 수 있는 간식도 많아지고 영상도 여 러 개 볼 수 있잖아"

이렇게 스스로 하는 것은 귀찮은 일이 아니라 멋지고 대단한 일 이라는 말을 덧붙였다. 그리고 '연장자'는 '해야 하는 것'도 있지만 '할 수 있는 좋은 일'도 많다는 것을 함께 이야기해 주니 아이가 더 잘 받아들였다.

은하가 두 돌쯤 되니 은하에게도 억울함이 생겼다. 형이 먹는 과 자와 자기가 먹는 과자가 다를 때나 형이 보는 영상과 자기가 보는 영상이 다르다는 것을 목격할 때면 억울함을 느꼈다. 뭐든지 형이랑 똑같이 하고 싶어 했다.

하지만 둘째 아이라고 해서 수준에 맞지 않는 영상을 보고, 영상 을 오래 시청하고, 몸에 해로운 음식을 일찍 접하도록 내버려둘 순 없다. 둘째 아이가 떼를 쓴다면 다른 놀이로 전환시켜 주거나 다른 간식을 주며 "네 살 되면 할(먹을) 수 있어"라고 얘기해 주자. 물론 아직 어리기 때문에 바로 이해하지는 못한다. 하지만 반복적으로 알려주면 나중에는 "네 살 되면 먹을 수 있지?" 하고 납득하는 날이 온다. 아이가 부모의 말을 받아들이지 못하는 순간에도 아이는 부모의 말을 들으며 마음에 새기고 있다.

공평하게 대하기

아이 둘을 키우면서 가장 중요하지만 현실적으로 지키기 힘든 것이 아이 둘을 공평하게 대하는 일이다. 공평하게 대한다는 것은 절대적인 공평함이 아니라 아이들이 억울함과 서운함을 느끼지 않도록 하는 것에 가깝다. 사실 아이들의 다툼 자체는 별문제가 되지 않는다. 오히려 다툼을 중재할 때 부모의 태도가 더 중요하다. 어느 한쪽에 치우쳐서 편을 들거나 공평하지 않은 기준을 들이대면 "엄마는 동생만 좋아해"라든지, "항상 형만 먼저야" 하는 억울함이 생길 수 있다. 그러므로 아이들이 받아들일 수 있는 쉽고 공평한 규칙을 정해놓고 일관되게 적용해야 한다.

우리 집은 '다른 사람 손에 있는 것은 뺏지 않는다'라는 규칙이 있다. 만약 장난감이 갖고 싶으면 "해도 돼?" "다 놀고 나면 빌려줘"라고 말해야 한다. 이렇게 규칙을 정해놓으니 아이들이 쉽게 규칙을 이해했고 규칙을 어겼을 때 공평하게 중재할 수 있었다. 덕분에 아

두 배 쉬워지는 애 둘 육아 수업

이들의 다툼 뒤에도 억울한 사람이 없었다. 둘째 아이가 규칙을 이해하지 못해도 일관되게 반복적으로 알려주면 이내 규칙을 이해한다. 어리다고 알려주지 않고 넘어가면 첫째 아이는 억울해지고 둘째 아이는 규칙을 배울 수 없게 된다.

남편이 야근하는 날이면 혼자 아이 둘을 데리고 잠자리 독서를 해야 했다. 나 혼자 아이 둘에게 책을 읽어주다 보면 늘 자기 책을 읽어달라며 싸우곤 했다. 그래서 '아빠가 없는 날에는 번갈아가며 책을 읽는다'라는 규칙을 정했다. 은하가 두 돌 때부터 이 규칙을 알려줬는데 정확히 28개월이 돼서야 받아들였다. 덕분에 남편이 없는 날에도 평화롭게 잠자리 독서를 할 수 있게 됐다.

이외에도 아이 둘이 자주 다투는 상황이 무엇인지 파악하고 그 상황을 공평하게 해결할 수 있는 규칙을 정해두는 것이 좋다. 잘 정해놓은 공평한 규칙은 아이 둘 육아의 현명한 해답이 된다.

> **루비쌤의 훈육 tip**
>
> ★ 아이들 다툼을 중재할 때는 어느 한쪽도 억울한 마음이 들지 않도록 공평해야 해요.
> ★ 공평한 규칙을 정해놓고 일관되게 적용하면 아이들 다툼이 줄어들어요.
> ★ 아이들이 자주 다투는 상황을 파악하고 상황마다 공평한 규칙을 정해보세요.

은하가 태어나고 우주가 가장 먼저 배운 것은 '동생이 잘 때는 조용히 해야 한다'는 것이었다. 우주도 두 돌밖에 안 된 아기였기에 그 말을 완전히 이해하지 못했지만 점차 은하의 낮잠 시간을 배려해 줬다. 동생이 분유를 먹거나 이유식을 먹는 동안에는 엄마를 독차지할 수 없다는 것도 은하와 함께하는 시간을 통해 배우게 됐다. 기다리는 동안 퍼즐을 하거나 그림을 그리며 스스로 놀거리를 찾았다. 은하와 함께 노는 시간에는 은하가 방해해도 되는 놀이를 하고, 은하가 낮잠을 자면 하고 싶은 놀이를 하는 게 자신에게 더 이롭다는 것도 알게 됐다.

은하 역시 형 장난감은 가지고 놀고 싶어도 마음대로 뺏으면 안 된다는 것을 아주 어릴 때부터 배웠다. 덕분에 두 돌이 지났을 때는 우주와 민주적으로 장난감을 교환하는 법을 터득하게 됐다. 이처럼 아이들은 형제자매 관계를 통해 아이들은 자신의 욕구와 상대방의 욕구를 현명하게 조율하며 살아가는 법을 배운다.

하지만 다른 측면에서 보면 아이가 둘 이상인 집은 아이가 한 명인 집에 비교해 결핍이 있을 수 있다. 첫째 아이는 하고 싶은 놀이가 있어도 동생의 방해 때문에 하지 못할 때가 많다. 엄마에게 안기고 싶어도 동생이 울면 자리를 내줘야 한다. 온전히 자기 것이 없고 늘 동생과 나눠 가져야 한다. 둘째 아이는 처음부터 자신의 것이 없었

두 배 쉬워지는 애 둘 육아 수업

다. 게다가 처음부터 부모의 사랑을 독차지해 본 경험이 없다. 첫째 아이 위주로 맞춰진 삶에 처음부터 적응해야 한다. 이런 결핍은 자칫하면 정서적인 결핍으로 이어지기도 한다. 그리고 정서적인 결핍은 퇴행, 공격성 등 문제 행동으로 표출될 수 있다.

나 또한 두 아이를 키우면서 정서적 결핍이 보이는 순간들이 있었다. 그럴 때면 아이와 일대일 데이트를 했다. 그날은 온전히 아이가 하고 싶은 것을 하는 날이다. 처음에는 우주에게 그런 시간이 필요했다. 늘 엄마와의 시간을 원했기에 남편에게 은하를 맡기고 주말에 우주와 외출을 했다. 도서관도 가고, 키즈카페도 가고, 영화도 보러 갔다. 평소에 먹고 싶었던 간식을 먹으며 우주와 대화도 실컷 나눴다. 아침에 나가 해가 질 때까지 놀다가 집에 돌아올 때면 우주는 "엄마, 오늘 최고의 하루였어. 다음에 또 데이트하자" 하며 행복해했다. 우주는 다섯 살이 되면서 정서적으로 안정이 되어 아빠와의 시간도 좋아하게 됐다. 동시에 은하의 재접근기가 오면서 '엄마랑만' 해야 하는 시기가 왔다. 엄마에 대한 애착이 강해진 은하를 위해 온전히 은하와의 시간을 가졌다. 은하가 좋아하는 버스를 타고 도서관에 간 날, 은하는 자기 전까지 "엄마랑 타요버스 타고 도서관에 갔지?" 하며 하루를 곱씹었다.

매일 가던 놀이터라도 어린 동생에게 양보해야 했던 엄마의 손을 잡고 단둘이 가는 것만으로 첫째에게는 선물 같은 하루가 될 것이다. 또한 둘째의 취향에 맞춰 엄마가 단둘이 시간을 보내주는 것 역시 둘째에게 오래도록 기억에 남을 하루가 될 것이다. 아이들에게 결핍이 보인다면 일대일 데이트를 통해 아이와의 시간을 가져보자. 때로는 외동처럼 온전히 부모의 사랑을 독차지하는 시간도 필요하다.

루비쌤의 훈육 tip

★ 아이들의 정서적 결핍은 문제 행동으로 표출될 수 있어요.

★ 아이들의 정서적 결핍을 채워주기 위해 주기적으로 일대일 데이트를 해보세요.

★ 다음 데이트에 하고 싶은 일을 미리 이야기해 보며 기대감을 키워봐도 좋아요.

두 배 쉬워지는 애 둘 육아 수업

우주가 배 속에 있던 시절,
임산부라는 사실 하나로 난 배려를 받았다.

난 그저 내 몸 하나만 챙기면 되는
귀한 존재였다.

그런데 은하를 임신했을 때는
상황이 완전히 달라졌다.

입덧에 시달리면서도
우주와 놀아줘야 했고

남편이 와도 우주를 맡기고
집안일을 해야 했다.

두 배 쉬워지는 애 둘 육아 수업

우주는 동생이 생긴 걸 아는지
아빠를 거부하며 나만 찾았다.

난 만삭의 몸에도 배를 힙시트 삼아
우주를 번쩍 안아야 했다.

은하의 출산이 다가올수록
수술에 대한 두려움보다는

우주와 3주간이나 떨어져
있어야 한다는 걱정이 더 컸다.

은하를 출산하고 조리원에 있는 내내
우주가 보고 싶어 울었다.

두 배 쉬워지는 애 둘 육아 수업

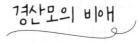

경산모의 비애

교직 6년 차에 우주를 임신했다. 임신했다는 사실 하나로 나는 배려를 받았다. 5년 동안 한 번도 빠짐없이 담임을 하다 처음으로 담임을 하지 않게 됐고, 막내란 이유로 맡았던 역할에서도 빠질 수 있었다. 수업 종이 울리면 학생들이 내 노트북을 들어주러 교무실에 찾아왔다. 수업 시간에 말썽을 피우던 녀석들도 아기가 듣는다며 말을 조심하기까지 했다. 집에서도 호사스러운 생활을 누렸다. 퇴근하고 집에 가면 남편이 요리며 설거지, 청소를 전부 했고 밤마다 다리를 주물러줬다. 입덧이 심한 기간에는 도시락을 싸주기도 했다. 배 속에 아기가 있다는 이유로 내 몸만 잘 챙기면 되는 귀한 몸이 됐다.

그런데 은하를 임신했을 때는 상황이 완전히 달랐다. 입덧이 두통으로 온 나는 하루 종일 머리가 아팠다. 두통에 시달리면서도 우주와 하루 종일 놀아야 했고, 남편이 오면 우주와 노는 데 지쳐 저녁 준비를 자처하며 부엌으로 갔다. 동생이 생긴 걸 아는지 우주는 아빠를 거부하며 나만 찾았다. 먹는 것도, 씻는 것도, 자는 것도 나 아니면 안 됐다. 만삭의 몸에도 배를 힙시트 삼아 우주를 번쩍 안고 걸어 다녔다. 가끔 배 속에 아기가 있다는 사실을 잊어버리기도 했다. 태어날 아기를 기대하며 남편과 호사스럽게 카페를 가고 여행을 다니는 초산인 친구의 SNS를 보며 부러운 마음에 눈물을 흘리기도 했다.

은하를 낳고 아이 둘을 혼자 볼 자신이 없었던 나는 우주를 어린이집에 보내게 됐다. 둘째가 생겼다는 이유로 우주를 어린이집에 보냈다 보니 마음 한편에 우주에 대한 죄책감이 자리 잡았다. 엄마의 불안한 마음 때문이었는지 우주는 세 달이 넘도록 어린이집에 적응하지 못했다. 매일 우는 우주를 떼어놓고 집에 오면 마음이 아파 펑펑 울기도 했다. 은하의 출산이 가까워질수록 수술에 대한 두려움보다는 우주와 3주간 떨어져 있어야 한다는 걱정이 더 컸다. 제왕절개로 분만을 해야 했기에 시부모님이 우주를 돌봐줄 수 있는 날로 수술 날짜를 잡았다. 우주를 출산했을 때는 수술하고 일주일 동안 남편의 극진한 간호를 받았지만 은하를 낳고서는 우주가 걱정이 돼 3일 만에 남편을 집으로 보냈다. 조리원에서 퇴소할 때까지 매일 우주가 보고 싶어 울었다. 예전에는 몰랐던 것이 첫째를 낳고, 둘째를 낳으면서 하나둘씩 보이기 시작했다.

Q 26개월, 8개월 두 아이를 키우고 있어요. 첫째가 둘째를 밀고 때리는데 그럴 때는 어떻게 해야 할까요? 매일이 전쟁인데 매번 혼낼 수도 없고 아무리 말해도 고쳐지지 않아요.

아이 둘의 갈등 양상을 보면 처음에는 첫째가 둘째를 공격하고 나중에는 둘째가 첫째를 공격하게 돼요. 지금은 첫째가 둘째를 공격하는 게 당연한 시기예요. '왜 말해줘도 고쳐지지 않지?' 하고 스트레스를 받거나 첫째에게 화낼 필요 없어요. 이 시기에 잘 배우면 1년 뒤에는 첫째가 둘째를 공격하지 않을 거예요. 첫째가 둘째를 밀거나 때릴 때는 이유가 있어요. 보통 동생이 자기 영역을 침범하려고 할 때 방어하기 위해 첫째가 둘째를 때려요. 그럴 때는 "동생이 방해해서 싫었구나. 그래도 때리거나 밀면 안 돼. 엄마한테 도와달라고 하거나 장난감을 들고 다른 곳으로 가"라며 '첫째 마음 인정해 주기', '하면 안 되는 것 알려주기', '해야 하는 것 알려주기' 세 가지를 알려주세요. 그리고 첫째가 가르쳐준 대로 행동했을 때는 그냥 지나치지 말고 칭찬으로 강화해 주세요.

Q 첫째가 둘째에게 피해의식이 있는 것 같아요. 둘째가 지나가기만 해도 동생이 자기를 방해하러 온다고 생각하고 소리를 질러요.

실제로 동생이 자기를 방해한 경험이 많아서 그래요. 둘이 놀 때 당분간은 엄마가 옆에 있어주세요. 둘째가 첫째의 장난감을 뺏거나 망가뜨리지 못하도록 적절히 개입해야 해요. 둘째에게도 "형이 가지고 노는 걸 뺏으면 안 돼"라고 알려주세요. 첫째에게는 동생의 행동을 긍정적으로 해석해서 말해주세요. "네가 하는 게 멋져 보여서 그런가 봐. 혼자 노는 것도 재미있지만 같이 놀면 더 재미있어. 동생이랑 엄마한테도 나눠주고 같이 놀까?" 하면서 다 같이 놀아주세요. 이 시기의 형제간 갈등은 자라면서 겪게 되는 당연한 일이니 너무 스트레스받지 않아도 돼요.

Q **30개월, 2개월 두 아이 엄마예요. 첫째가 동생이 울 때마다 "울지 마!" 하고 소리를 지르는데 이럴 때는 어떻게 해야 할까요?**

동생이 우는 소리가 첫째의 마음을 불편하게 하나 봐요. 그 마음속에는 시끄러운 소리가 듣기 싫은 마음도 있겠지만 동생이 우니까 걱정되는 마음도 있을 거고, 동생이 울면 엄마가 달래줘야 하니 그게 싫을 수도 있을 거예요. 동생이 우는 이유를 알려주세요. 배고파서, 졸려서, 쉬야 해서 등이 있겠죠. "동생이 우는 건 불편한 게 있다는 뜻이야. 그럴 때는 '뭐가 불편해? 괜찮아?' 하고 말해보자"라고 알려준 뒤 엄마가 시범을 보여주세요. 그리고 첫째와 함께 동생이 울 때 왜 우는지 놀이처럼 맞춰보세요. "동생이 우네. 왜 울까? ○○이는 동생이 왜 우는 것 같아?" 이렇게 물어보고 동생을 직접 달래보게 해주세요. 그럼 다음부터 동생이 울면 "울지 마!" 대신 "○○야, 왜 울어? 배고파? 쉬야 했어?"라고 말할 수 있어요.

Q 첫째 장난감이었지만 동생이 태어난 후 공유하기를 거부해요. 매번 똑같은 걸 두 개 살 수도 없고 어떻게 하면 좋을까요?

반대의 경우를 예로 들어 설득해 보세요. 동생 장난감인데 첫째가 가지고 놀고 싶은 경우가 분명 있을 거예요. 그 점을 예로 들어서 자기의 장난감이라도 가지고 놀지 않을 때는 빌려주는 거라 말해주면 돼요. 그런데 동생한테 절대 빌려주기 싫은 장난감도 있을 거예요. 그건 인정해 주세요. 대신 동생이 만지지 못하도록 동생 손이 닿지 않는 곳이나 첫째만 아는 공간에 숨겨두고 동생 앞에서는 가지고 놀지 않아야 한다고 말해주세요. 즉, 첫째가 절대 빌려줄 수 없는 장난감 몇 가지는 인정해 주고 나머지는 서로 빌려 쓰는 거라 규칙을 정해서 알려주면 아이도 규칙에 따를 거예요.

Q 집에 자동차 장난감이 많이 있는데 꼭 하나를 가지고 싸워요. 다른 걸 주면 또 그걸 가지고 싸우는데 방법이 없을까요?

장난감 규칙을 만들어주세요. 가장 간단하고 명확한 규칙은 "다른 사람 손에 있는 것은 뺏으면 안 된다"예요. 장난감에 주인을 정해서 내 것, 네 것 나누기보다는 함께 가지고 놀되 다른 사람이 가지고 놀고 있을 때는 뺏지 않고 기다리는 것이라고 알려주면 돼요. 이 규칙을 알려주고 늘 일관되게 적용해 주면 억울해하는 사람 없이 받아들일 수 있어요. 만약 한 사람이 너무 오랫동안 가지고 놀면 엄마가 개입해서 "10번만 하고 이제 빌려주는 거야" 하고 정리해 주세요.

40개월, 20개월 두 아이를 키워요. 형이 가지고 놀던 장난감을 안 주면 동생이 자꾸 형을 때려요. 이럴 때는 어떻게 해야 할까요?

아직 둘째가 말을 못하는 시기이면 "다른 사람 손에 있는 건 뺏으면 안 돼. ○○이는 이거 가지고 놀자" 하고 둘째가 좋아할 만한 장난감으로 관심을 돌려주세요. 형이 다 가지고 놀면 "형이 다 가지고 놀았네. 이제 ○○이 가지고 놀자" 하고 순서를 알려주세요. 나중에 둘째가 말을 하면 "해도 돼?", "다 하고 빌려줘", "고마워" 세 마디를 알려주세요. "형이 장난감을 갖고 놀 때는 뺏지 않고 '해도 돼?' 하고 물어보는 거야. 한번 해봐." 이렇게 말해주세요. "해도 돼?"라고 말하자마자 둘 사이에 불타올랐던 감정이 사그라들 거예요. 만약 첫째가 "안 돼"라고 한다면 "그럼, '다 하고 빌려줘. 기다릴게.' 이렇게 얘기하고 기다리는 거야" 하고 알려주세요. 다 하고 빌려달라는 말은 빌려주는 사람에게는 좀 더 가지고 놀 수 있다는 안도감을, 빌려달라는 사람에게는 기다리면 가지고 놀 수 있다는 희망을 가지게 해요. 첫째가 다 가지고 놀고 동생에게 장난감을 주면 "형한테 '고마워.' 하고 얘기해 보자" 하고 고마움을 표현할 수 있도록 알려주세요. 그러면 빌려준 사람이 다음에도 기꺼이 빌려주게 돼요. 첫째에게는 동생이 장난감을 뺏으러 오면 "다 하고 빌려줄게"라고 얘기할 수 있도록 알려주세요. 이 과정을 반복하면 둘째가 첫째를 때리지 않고 "해도 돼?"라고 말하는 법을 배우게 돼요.

둘째가 20개월인데 언니를 시도 때도 없이 때려요. 큰 소리로 겁을 줘도 그때뿐이에요. 어떻게 해야 할까요?

두 배 쉬워지는 애 둘 육아 수업

둘째가 이 시기에 언니를 공격하는 이유는 여러 가지가 있어요. 재밌어서 때리기도 하지만 관심받고 싶어서 때리기도 해요. 두 가지 경우 모두 "때리면 안 돼"라는 것을 명확하게 알려줘야 해요. 그다음 "때리지 않고 살살 만지는 거야" 하고 때리는 대신 어떻게 해야 하는지 알려주세요. 그리고 둘째에게 관심을 더 주세요. 보통 둘째가 첫째를 공격할 때는 엄마가 첫째에게 더 관심을 주고 있을 때인 경우가 많아요. 둘째가 관심을 받지 못해서 섭섭한 마음을 그렇게 표현할 수 있어요. 첫째와 둘째 모두 소외되지 않도록 몸으로 함께 놀아주세요. 또 둘째가 사소한 성취를 해냈을 때도 칭찬을 해주세요. 공격성이 당연한 시기지만 빈도가 잦으면 아이의 욕구를 읽어주는 게 아이의 공격성을 줄이는 데 도움이 돼요.

PART 2

평생 가는
올바른 식사 습관 만들기

전쟁 같던 식사 시간이
달라진 이유

밥 먹이는 게 제일 힘들다

원래 우주는 이유식을 잘 먹는 아기였다. 우주가 6개월 때, 쌀미음을 처음 준 날을 아직도 잊지 못한다. '과연 잘 먹을까?' 기대 반 걱정 반으로 쌀미음을 줬는데 우주가 너무 잘 먹었다. 30밀리리터를 금세 먹어 치우는 걸 보고 '아, 우주는 잘 먹는 아기구나' 하고 생각했다. 정말 바보 같은 생각이었다. 그때는 아기들은 자라면서 수천 번도 더 바뀐다는 걸 몰랐다.

9개월까지 200밀리리터도 거뜬히 먹던 우주가 후기 이유식에 진입한 10개월이 되자 갑자기 이유식을 거부했다. 한두 입 먹더니 고개를 돌린 날도 있었고 첫술부터 거부한 날도 있었다. 얼마나 애가

타는지 한 끼라도 굶으면 죽는 줄 알고 어떻게든 먹여보려 애썼다. 이유식을 먹지 않는 우주에게 식탁 위에 있는 물건을 줬다. 그랬더니 꾹 다문 입을 벌려 이유식을 먹기 시작했다. '이거다!' 싶어서 이유식을 먹일 때마다 손에 물건을 주고 먹였다.

처음에는 물건 하나로 이유식을 다 먹일 수 있었다. 그런데 나중에는 1분에 한 번씩 물건을 바꿔달라고 했다. 밥을 먹기도 전에 다른 물건을 달라며 고개를 돌리기도 했다. 물건을 주면 금세 싫증 나서 던지고, 또 새로운 물건을 주면 다시 던지는 상황이 이유식을 먹는 내내 반복됐다. 이유식 시간이 끝나면 바닥에는 우주가 던진 물건이 한가득 쌓여 있었다. 더 큰 문제는 더 이상 우리 집에 우주가 마음에 들어 하는 물건이 없었다는 것이다. 아무리 새로운 걸 줘도 거부했다. 결국 우주를 하이 체어에서 내렸다. 그렇게 우주는 돌아다니면서 먹는 아기가 됐다.

2~3개월 동안 1시간 넘게 따라다니면서 밥을 먹이다가 이 전쟁 같은 시간을 끝내기 위해 영상을 보여주며 먹이기 시작했다. 영상을 보여주며 먹이는 게 좋지 않다는 걸 알고 있었지만 그 유혹을 떨칠 수 없었다. 영상에 푹 빠진 우주는 정신없이 입을 벌렸고 다시 평화가 찾아왔다.

하지만 평화는 오래가지 않았다. 이번에는 영상을 고르기 시작했다.

"이거 아니야. 다른 거"

밥 먹기 전부터 영상을 고르느라 실랑이를 벌이기도 했다. 영상을 보며 먹다가도 금세 질려서 "다른 거 볼래" 하며 영상을 바꿔달라 요구했다. 나중에는 영상을 보는 데 빠져서 밥 먹는 시간이 다시 길어졌다.

우주가 두 돌 가까이 됐을 때 나는 만삭이었다. 신생아를 돌보며 우주 밥을 먹일 생각을 하니 아찔했다. 어떻게든 이 식사 전쟁을 끝내야겠다고 다짐했다. 은하를 낳으러 가기 한 달 전부터 남편과의 합의하에 우주의 식습관 개선 교육을 시작했다. 2주 만에 우주는 영상이나 장난감 없이 식탁에 앉아서 밥을 먹어야 한다는 것을 확실하게 배우게 됐다.

우주를 키운 경험을 바탕으로 은하가 이유식을 먹는 날부터 올바른 식습관을 형성하기 위해 노력했다. 밥을 잘 먹지 않는 시기가 오더라도 의자에서 내려가게 하거나 장난감을 주지 않았다. 덕분에 우주는 물론이고 은하까지도 먹이기 전쟁에서 벗어나 올바른 식습관을 기를 수 있었다.

우주와 은하의 식습관 교육을 통해 배운 것이 있다면 잘못된 것을 고치는 것보다 처음부터 올바른 습관을 들이는 게 더 쉽다는 것이었다. 원칙을 지키는 것이 가장 쉽고 바른 길이다.

식습관 개선 이후 달라진 삶

아침에 일어나면 아이들이 간단히 먹을 수 있는 음식을 차린다. 아이들이 일어나면 다 같이 식탁에 둘러앉아 아침 식사를 한다. 아침 시간이 분주한 나는 서둘러 먹고 먼저 자리에서 일어나 씻고 나갈 준비를 한다. 12개월 이후로 스스로 밥을 먹는 은하 덕분에 아침 시간이 훨씬 여유로워졌다. 아이들은 스스로 먹을 만큼 먹고 등원을 한다. 오후 5시가 되면 저녁 식사를 준비한다. 남편이 퇴근하고 집에 오면 다 함께 저녁 식사를 한다. 오후 6시가 넘으면 아이들이 배가 고파서 "밥 먹자!"라는 말에 식탁으로 달려온다. 자신의 수저를 챙겨 식탁 의자에 앉고 다 같이 그날 있었던 이야기를 하며 식사한다.

먹을 만큼 충분히 먹었으면 다 먹지 않았어도 식사를 끝낸다. "더먹어", "다 먹어야 간식 줄 거야" 같은 말은 하지 않는다. 두 아이 역시 "먹여줘", "영상 보면서 먹을래", "장난감 가져와서 먹을래" 같은 말은 하지 않는다. 은하는 애초에 영상을 보거나 돌아다니면서 밥을 먹을 수 있다는 사실을 알지 못한다. 우주 역시 식습관 교육 이후 밥은 식탁에 앉아서 먹어야 한다는 규칙을 한 번도 어긴 적이 없다. 대화를 하며 자기 앞에 있는 밥을 배부를 때까지 먹을 만큼 먹는다. 식사가 끝나면 조금 놀다가 양치질을 하고 잠자리 독서를 한 후 밤 9시에 자러 간다.

남편이 늦게 오는 날에 아이 둘과 저녁 식사를 하는 시간 역시 크게 어렵지 않다. 식탁에서 밥 먹는 것이 익숙한 아이들은 먹여달라고 보채지 않고, 먹지 않겠다고 떼쓰지 않는다. 배가 고플 시간에 좋아하는 음식을 차려주면 아이들은 스스로 잘 먹는다. 아이가 한 명 늘었지만 식습관 교육 덕분에 우주 한 명만 키울 때보다 육아가 더 편해졌다.

2주 만에 스스로
밥 먹게 만든 비결

올바른 식습관을 위한 원칙 10가지

아이의 식습관 문제를 해결하기 위해서는 부모의 인식 개선이 가장 중요하다. 식습관 교육은 아이를 바꾸는 일 같지만 사실 부모가 달라져야 하는 일이다. 왜냐하면 아이가 올바르지 않은 방식으로 밥을 먹게 된 것은 아이가 밥을 먹지 않을 때마다 했던 부모의 행동에 영향을 받기 때문이다.

우주에게 식습관 교육을 할 때 우주가 노력한 일은 하나도 없다. 대신 열 가지 원칙을 마음에 새기고 늘 이를 지키기 위해 노력했다. 그랬더니 밥을 먹을 때 돌아다니며 먹던 우주가 자리에 앉아서 밥을 먹기 시작했고, 밥의 양도 늘어나게 됐다. 그 이후로 나는 식습관 교육 상담을 할 때마다 부모 교육을 함께 한다. 아이에게 밥을 먹이는 일로 고통받는 부모 대부분은 열 가지 원칙과 반대로 행동하고 있기 때문이다.

부모 교육 이후 원칙을 잘 지킨 가정에서는 변화가 일어났다. 돌아다니며 먹던 아이가 한자리에 앉아서 밥을 먹게 되고 영상을 보며 먹던 아이가 영상 없이 밥을 먹게 됐다. 밥 먹이는 데 1시간이 넘게 걸리던 아이도 30분 전후로 충분한 양을 먹게 됐고 밥 먹을 때마다 화를 내던 엄마도 아이와 웃으며 식사할 수 있게 됐다. '우리 아이가 할 수 있을까?' 하고 의심하기보다는 '할 수 있다'라고 생각하고 원칙대로 행동하면 더 이상 밥 먹는 시간이 두렵지 않을 것이다.

제1원칙. 완밥에 기대를 버리고 "한 입만 더" 하지 않는다

식습관 교육을 시작한 이후로 "한 입만" 하면서 우주를 따라다니며 억지로 먹이지 않았다. 먹기 싫은데 억지로 먹이면 아이는 밥 먹는 시간 자체를 싫어하게 될 수 있기 때문이다. 아이들도 어른처럼 먹고 싶은 만큼 먹을 자유가 있다.

우주가 조금 먹다가 먹지 않겠다고 할 때는 반찬이 마음에 들지 않거나 배가 고프지 않아서였다. 그럴 때 더 먹이려고 하지 않고 식사를 끝냈다. 예전에는 우주가 밥을 남기지 않도록 쫓아다니면서 먹였다면 식습관 교육 이후로는 먹기 싫어하면 한두 번 권하고 바로 식탁을 치웠다. 대신 '간식을 언제 얼마큼 줘야 저녁을 맛있게 먹을 수 있을까?', '간식 먹고 몇 시간이 지나야 우주가 배가 고플까?', '어떤 반찬을 만들면 맛있게 먹을까?'를 고민했다. 그렇게 했더니 우주가 잘 먹는 음식과 잘 먹는 시간을 파악하게 됐다. 한두 숟갈만 먹고 그만 먹는 날도 있었지만 잘 먹는 날이 점점 많아졌다.

제대로 먹지 않았다고 쫓아다니면서 억지로 먹이면 아이의 식사 문제로 오랫동안 고생하게 될 수 있다. 반대로 아이의 식사량에 집착하지 않으면 '배가 고프면 잘 먹고, 배가 고프지 않으면 잘 먹지 않는' 본능에 충실한 아이가 된다. 밥만 보면 거부하던 아이도 "맛있겠다" 하면서 식사 시간을 즐기게 된다. 완밥보다 중요한 것은 '배고플 때 먹고 싶은 만큼 맛있게' 먹는 경험이다. 그 경험을 통해 식사 시간에 긍정적인 정서를 가지는 게 중요하다.

제2원칙. 아이들은 어른이 생각하는 것보다 양이 적다

'우리 애는 밥을 너무 적게 먹어'라고 생각하는 부모가 많다. 정말 적게 먹을까? 아이마다 식사량이 다를 뿐만 아니라 '많고 적고'를 말하는 부모들의 기준 또한 다르다. 아이가 먹는 양을 보고 누구는 "많이 먹네"라고 할 수도 있고 누구는 "적게 먹네"라고 할 수도 있다. 그래서 아이가 정말로 밥을 적게 먹는지 파악해 볼 필요가 있다. 아이가 필요한 양만큼 충분히 먹는데도 부모의 기준이 너무 높아 불필요한 걱정을 하는 것일 수도 있기 때문이다. 만약 아이가 적정량을 먹고 있다면 걱정을 내려놓아도 된다.

아이의 어린이집 식판 사진을 보고 양이 너무 적어 놀란 적이 있다. 그런데 만 1~2세의 경우, 한 끼에 섭취해야 할 적정량은 성인의 ⅓ 정도다. 밥 ⅓공기, 달걀 ⅓개, 채소 한두 숟가락 정도의 소량이다. 그리고 만 3~4세의 한 끼 적정량은 성인의 ½인 밥 ½공기, 달걀 1개, 채소 두세 숟가락이다. 어린이집에서 주는 양이 아이가 먹어야 할 한 끼의 적정량이다. 아이가 잘 먹기를 바라는 마음에 아이가 먹어야 할 양보다 더 많은 양을 강요하고 있는 것은 아닌지 생각해 봐야 한다.

제3원칙. 안 먹는 아이도 좋아하는 음식이 있다

아이의 식습관 문제로 고민하는 엄마들을 상담하다 보면 "아이가 잘 먹는 음식이 없어요"라고 말하곤 한다. 하지만 상담을 이어나가다 보면 아이가 잘 먹는 음식이 몇 가지 있다. 다만 엄마 입장에서는 음식의 종류나 가짓수가 만족스럽지 않기 때문에 아이가 잘 먹는 음식이 없다고 생각한다. 하지만 식습관 교육을 할 때만큼은 아이가 잘 먹는 음식을 줘야 한다. 그 음식이 한정적이라서 영양적으로 균형 있는 식단을 제공해 줄 수 없더라도 아이가 좋아하는 음식을 주는 것이 좋다. 왜냐하면 좋아하지 않는 음식을 스스로 먹게 할 수는 없기 때문이다. 중요한 건 스스로 잘 먹는 경험을 가지는 것이다. 식사 시간이 즐거우면 다른 반찬에도 흥미가 생기게 된다. 또한 아이가 자라면서 먹을 수 있는 음식이 자주 바뀌고 먹을 줄 아는 음식이 더 많아진다. 그러니 한두 가지 음식만 좋아하더라도 우선 아이가 좋아하는 메뉴로 준비해 보자. 이것만으로 아이에게 잔소리할 일이 줄어들게 될 것이다.

제4원칙. 간식은 정해진 시간에만 준다

어린이집은 간식 시간이 정해져 있다. 집에서 아침을 먹고 가면 10시쯤 오전 간식이 나오고, 낮잠 자고 일어나서 오후 간식이 나온다. 규칙적인 루틴에 익숙해진 아이들은 오전 간식을 먹고도 점심을 잘 먹는다. 수시로 간식을 찾지도 않는다. 간식 시간이 정해져 있다는 걸 알기 때문이다.

이는 어린이집에서만 가능한 건 아니다. 집에서도 정해진 시간에만 간식을 주면 된다. 간식 때문에 아이와 실랑이를 벌이거나 간식을 많이 먹어서 저녁을 먹지 않는 일은 해결될 수 있다. 간식 시간은 식사 2~3시간 전, 식사 1~2시간 후가 적절하다.

집에 간식이 너무 많은 것도 문제가 될 수 있다. 아이 손이 닿는 곳에 간식이 가득 있는데 참으라고만 하는 것은 가혹한 일이다. 과일이나 유제품 등 건강한 간식만 두고 과자나 사탕, 젤리는 사놓지 말자. 불필요한 간식을 없애고 간식 시간을 고정해 두면 간식 때문에 아이와 갈등을 겪는 일도 줄어들고 평화로운 식사 시간을 가질 수 있다. 물론 처음에는 아이가 거부하고 받아들이지 않을 수 있다. 하지만 부모가 흔들리지 않는다면 아이도 결국 규칙을 받아들이게 된다.

제5원칙. 보상을 주지 않는다

"밥 잘 먹으면 젤리 줄게." "밥 다 먹어야 과일 줄 거야."

내가 우주에게 자주 하던 말이다. 과일을 좋아하는 우주는 밥보다 간식에 더 관심이 많았다. 시도 때도 없이 간식을 달라고 하는 우주에게 늘 "밥 다 먹어야 간식 먹을 수 있어"라고 말했다. 그렇게 말하니 일단 밥을 먹기는 먹는데 억지로 꾸역꾸역 먹었다. 1시간이 넘어서도 밥을 반도 못 먹은 우주에게 화가 나서 "이제 밥 치울 거야"라고 하면 우주는 소리를 질렀다. 밥을 안 먹으면 간식을 먹을 수 없다는 걸 알기 때문에 밥을 치우지 못하게 하는 것이다. 그렇게 억지로라도 먹은 날에는 간식을 먹었고 다 먹지 못한 날에는 늘 갈등이 생겼다. "밥 다 못 먹었으니까 간식 없어"라고 말하면 우주는 간식을 달라고 울며 매달렸다. 밥을 먹이는 시간도 힘들었지만 밥을 먹고 나서 간식 문제로 더 힘들었다.

간식을 보상으로 주면 오히려 보상 때문에 식욕이 떨어진다. 보상을 걸었을 때 아이가 밥을 먹는 것을 더 힘들어하는 경우가 이에 해당된다. 즉, 달콤한 간식을 떠올리면서 밥을 먹으니 밥맛이 없어지는 것이다.

자기 조절 능력이 발달하지 않은 어린아이일수록 밥 먹는 도중에 간식을 언급하면 잘 먹던 밥도 먹지 않을 수 있다. 눈앞에 있는 음식보다 더 맛있는 음식을 떠올리니 밥에 흥미가 떨어진다. 그렇게 되면 밥을 조금만 먹고 간식을 달라고 떼쓰는 일이 많아진다. 아이가 밥으로 배를 채우기보다 간식으로 배를 채우려고 하는 모습을 보인다면 아이에게 밥을 먹이기 위해 간식을 보상으로 준 것은 아닌지 생각해 봐야 한다.

간식을 먹기 위해 밥을 잘 먹는 경우도 문제가 될 수 있다. '밥을 잘 먹으면 간식을 준다는 것'을 알고 있는 아이는 간식 보상 덕분에 밥을 잘 먹을 수도 있다. 하지만 밥을 맛있게 먹기보다는 과제로 생각하고 빨리 해치우려는 마음일 것이다. 보상으로 내걸지 않더라도 식사 직후에 간식을 바로 주는 것 역시 아이가 밥에 집중할 수 없게 만든다. 식사 직후 간식은 아이와 부모 모두에게 보상의 개념으로 받아들여지기 때문이다. 그런 이유로 식사 직후 간식은 올바른 식습관 형성에 좋지 않은 루틴이다. 식사와 간식 사이에 밀접한 연관 관계가 있다면 둘을 분리하는 것이 바람직하다. 그럼 밥을 먹고 간식을 바라는 아이에게 어떻게 말해야 할까?

"간식은 간식 시간에 먹는 거야."

이 한마디면 된다. 그리고 간식 시간은 식사를 방해하지 않는 시간으로 고정해야 한다. 우리 집 아이들은 3시 반에 하원을 하는데 하원 직후 간식을 주고 그 이후에는 간식을 주지 않는다. 그렇게 했더니 저녁 시간에 간식 때문에 우주와 협상하는 일이 없어졌고 식사 이후에 간식이 없으니 밥을 충분히 먹게 됐다.

제6원칙. 먹을 양을 스스로 정한다

배가 고플 때 먹고 싶은 만큼 먹는 것은 당연한 일이다. 그런데 대부분의 부모는 아이에게 부모가 정한 양을 다 먹도록 강요한다. 특히나 어른이 정한 양은 아이가 다 먹기에 많은 경우가 대부분이다. 어른이 먹을 양을 스스로 정해서 먹는 것처럼 아이도 그렇게 할 권리가 있다.

식습관 교육을 하며 효과를 본 방법 중 하나가 스스로 먹을 양을 담는 방법이다. 식판에 밥을 담기 전에 우주에게 얼마큼 먹을지 물어보고 스스로 담게 하니 자기가 정한 양은 다 먹으려고 노력하는 모습을 보였다. 반찬 역시 어른 접시에 담아가서 식탁에 놓고 우주가 먹고 싶은 만큼 가져가게 했더니 더 많이 담으려고 했다. 내가 정해준 양이 아니라 자기가 정한 양이기 때문에 책임감 있게 대부분 다 먹었다. 늘 깨끗이 비우는 것은 아니어도 양이 훨씬 늘고 더 집중해서 맛있게 먹을 수 있었다.

아이에게 먹을 양을 스스로 정할 수 있는 선택권을 주자. 그리고 자기가 정한 양을 다 먹을 수 있도록 격려해 주자. 이때 아이가 담은 양만큼 다 먹지 않았다고 해서 억지로 먹이려고 하면 안 된다. 대신 음식을 남기지 않는 것이 중요하다는 것을 알려주고 다음번에는 양을 줄여서 담을 수 있도록 하면 남김없이 먹는 습관을 길러줄 수 있다.

제7원칙. 어떤 걸 먼저 먹든 잔소리하지 않는다

아이들은 반찬과 밥의 구분이 없다. 반찬을 먼저 먹고 밥을 먹거나 밥을 다 먹은 다음에 반찬을 먹는다. 어떨 때는 반찬만 먹기도 하고, 밥만 먹고 식사를 끝내기도 한다. 무엇을 먼저 먹을지 결정하는 것은 모든 사람의 권리다. 어른은 어떤 음식을 먹을지 스스로 결정한다. 아이도 마찬가지다. 다만 어른은 밥과 반찬을 골고루 먹어야 한다는 것을 알기에 밥을 먼저 다 먹거나 반찬만 다 먹는 경우는 드물다. 그런 어른의 눈에 아이가 음식을 골고루 먹지 않는 모습은 불편할 수 있다. 하지만 유아기 때는 식사 관습을 배우는 것보다 식사시간에 긍정적인 정서를 갖게 하는 것이 더 중요하다. 밥을 먹을 때마다 부모가 옆에서 지적한다면 아이에게 식탁은 불편한 곳이 될수 있다.

죽 이유식을 먹을 때는 모든 재료를 하나로 섞어서 먹기에 균형있는 식사를 할 수 있지만 유아식으로 넘어오면서 아이는 편식을 시작한다. 한 그릇 음식으로 먹다가 식판식을 하면 아이가 기호에따라 음식을 먹는 것은 당연한 현상이다. 특히 만 3세가 되지 않은아이일수록 이런 모습이 두드러진다. 하지만 그 시기는 영원하지않다. 만 4세 정도가 되면 밥과 반찬을 함께 먹어야 한다는 것을 경험과 모방을 통해 배운다.

만약 한 가지 음식만 먹어서 영양 불균형이 걱정된다면 음식을순차적으로 주는 방법도 있다. 우주와 은하 둘 다 쌀밥에 손도 안 대는 시기가 있었다. 이때 밥을 먼저 주고 어느 정도 먹었을 때 반찬을줬더니 밥을 조금이라도 더 먹일 수 있었다. 밥이나 반찬을 하나도먹지 않은 경우에는 간식으로 부족한 영양소를 채웠다. 밥을 먹지않은 날에는 간식으로 고구마나 감자, 빵을 줬고 반찬을 먹지 않은 날에는 간식으로 달걀이나 두부가 들어간 요리를 만들었다. 이 외에 볶음밥, 덮밥 등 한 그릇 음식을 주는 방법도 있다.

제8원칙. 식사 시간에는 즐거운 이야기를 한다

어린아이와 식사하며 즐거운 대화를 나누는 건 쉽지 않은 일이다. 아이들은 밥 먹는 데 집중하지 못하고 의자에서 일어서기도 하고, 국에 손을 담그기도 한다. 엄마 아빠에게 말하느라 밥을 먹지 않기도 하고, 음식을 입에 물고만 있기도 한다. 이런 모습을 보며 즐거운 대화를 하는 것은 쉽지 않다. 하지만 지시적인 대화와 잔소리를 줄이고 일상적인 대화로 식사 시간을 채워나가는 것이 중요하다.

먼저 아이의 사소한 행동을 칭찬하는 것부터 시작해 보자. 예를 들어 "밥 먹자"라고 말했는데 먹기 싫다고 떼쓰지 않고 식탁으로 오는 순간 칭찬을 해주자. 또한 밥을 혼자 먹지 않는 아이인데 스스로 먹으려고 숟가락을 들 때 칭찬을 해주는 것이다. 칭찬을 받은 아이는 더 잘하기 위해 장난도 멈추고 밥 먹는 데 집중하게 된다.

기분 좋게 식사를 시작했다면 식사 과정 역시 즐거운 시간이 돼야 한다. 남편에게 오늘 아이의 모습에서 칭찬할 거리를 말해주자. "여보, 오늘 우주가 아침에 어린이집 갈 준비를 엄청 빨리 해서 그림을 2개나 그리고 갔어. 대단하지?", "여보, 은하한테 장난감을 정리

두 배 쉬워지는 애 둘 육아 수업

하자고 했더니 가지고 놀던 장난감을 스스로 정리했어. 대견하지?" 등 아이가 들을 수 있도록 남편에게 말해보자. 이어서 남편이 아이를 칭찬해 주고 아이는 아빠에게 자신의 행동에 부연 설명을 하게 된다. 이렇게 대화를 이어가다 보면 식사 시간이 즐거워질 수밖에 없다. 아이의 식사 태도를 칭찬해 주는 것도 좋다. '스스로 먹는 것'이나 '자리에 앉아서 먹는 것'을 칭찬해 주자. 칭찬받은 아이는 또 칭찬받고 싶은 마음에 더욱 잘하려고 노력하게 된다. 이때 밥을 많이 먹는 것을 칭찬할 필요는 없다. 밥은 많이 먹어야 하는 것이 아니라 먹고 싶은 만큼 먹는 것이기 때문이다.

식사 시간에 간단한 놀이를 할 수도 있다. 퀴즈를 내면 식사에 방해가 되지 않으면서 즐겁게 식사할 수 있다. 만약 퀴즈를 내는 데 너무 집중해서 밥을 먹지 않으면 '문제 맞힌 사람이 밥 두 숟가락 먹기' 같은 규칙을 정해보는 것도 좋다. 가끔 정공법보다 놀이로 아이의 식사 문제를 해결하는 것 또한 좋은 방법이다. "누가 하마처럼 입이 큰지 내기해 볼까?" 하며 입을 크게 벌리고 밥을 많이 집어넣는 시늉을 하면 아이도 깔깔거리며 따라 한다. "가위바위보 해서 이기는 사람이 밥 먹기 하자" 같은 게임을 해볼 수도 있다. 아직 아이이기 때문에 규칙에 너무 엄격할 필요는 없다. 놀이로 식사 시간을 즐겁게 채워가다 보면 "밥 먹자"라는 소리에 아이가 한걸음에 달려와 식탁에 앉게 될 것이다.

제9원칙. 식사의 주도권을 '부모'에게서 '아이'에게로 이동한다

"다섯 살인데도 떠 먹여야 해요"라며 아이 스스로 밥을 먹지 않아 고민인 부모들이 많다. 그런데 그런 아이들도 어린이집이나 유치원에서는 스스로 잘 먹는다. 왜 어린이집에서는 스스로 먹는데 집에서는 스스로 먹지 않는 걸까? 그건 바로 집에서는 '스스로 먹어야 하는 분위기'가 조성돼 있지 않아서다. 어린이집에서는 다 같이 앉아서 스스로 밥을 먹는 것이 자연스럽고 당연한 일이다. 처음에는 제자리에 앉아서 먹지 않는 아이도 선생님의 지속적인 훈육과 다른 아이들의 모습을 보며 금세 자리에 앉아서 스스로 밥을 먹는 것을 배우게 된다. 특히 선생님은 아이가 '많이 먹는 것'에 초점을 두지 않고 제자리에 앉아서 '스스로 먹는 것'을 가르친다. 하지만 집에서는 자리에 앉지 않아도, 스스로 먹지 않아도 엄마나 아빠가 따라다니면서 먹여주거나 영상을 틀어주기 때문에 아이는 굳이 스스로 먹을 필요가 없다. 집에서도 아이 스스로 먹게 하려면 아이가 먹는 양에 집착하기보다 스스로 먹는 것이 당연한 분위기를 만들어야 한다.

아이가 스스로 먹게 하는 과정에도 단계가 필요하다. 부모님이 떠 먹여주는 게 당연한 집이라면 아이에게 동기를 부여해 줄 필요가 있다. 동기부여는 칭찬으로 해준다. 아이가 숟가락을 드는 순간부터 칭찬해 주는 것이다. "스스로 먹어보려고 하는구나. 멋지다."

칭찬을 해주면 아이는 그다음 단계로 자연스레 넘어간다. 그럼 또 "숟가락질 참 잘하네. 선생님이 우주가 어린이집에서 숟가락질을 잘한다고 하시던데 정말이네" 하며 격려해 준다. 물론 아이가 한두 숟갈 먹고 다시 먹여달라고 할 수도 있다. 처음에는 부모 90, 아이 10의 비중으로 시작해서 부모가 도와주는 비중을 줄여나가고 아이가 먹는 비중을 점차 늘린다. 그러다 보면 칭찬 없이도 아이 스스로 먹는 것이 더 편하다는 것을 알게 되고 자연스러운 일로 받아들인다.

때로는 무관심도 좋은 방법이 될 수 있다. 보통 아이가 스스로 밥을 먹지 않는다는 이유로 아이에게 밥을 먹여주기 위해 아이와 어른이 다른 시간에 식사하는 경우가 많다. 이때 부모가 아이 옆에 앉아서 밥 먹는 모습을 지켜보다 답답해서 아이의 밥을 떠 먹여주게 된다. 그렇기에 아이와 부모가 같이 식사를 하며 아이가 스스로 밥을 먹도록 과도한 관심을 주지 않는 게 도움이 된다. 부모는 식사에 열중하는 모습을 보여주고 아이는 그 모습을 보면서 스스로 밥 먹는 것이 당연하다는 것을 배운다.

제10원칙. 식사 시간은 30~40분으로 제한한다

밥을 다 먹지 않았다는 이유로 1~2시간 동안 아이 밥을 먹이지 말아야 한다. 식사 시간이 길어진다는 건 배가 부르다는 것이다. 배가 고프면 30~40분 만에 밥을 다 먹을 수 있다. 아이가 밥을 오래 먹으면 식사를 시작하기 전에 아이에게 "시계의 긴 바늘이 10에 가면 엄마는 식탁을 치울 거야. 그러니 그때까지 밥을 먹는 데 집중하는 거야"라고 말해주자. 미리 이야기를 해두는 것과 하지 않는 것은 큰 차이가 있다. 물론 처음에는 아이가 밥 먹는 데 집중하지 못하고 30분 동안 거의 먹지 않을 수도 있다. 그럴 때는 밥 먹는 것을 조금 도와줘도 된다. 30분이 지나서도 밥이 많이 남았다면 한 번 더 기회를 준다. "시계의 긴 바늘이 12에 가면 그만 먹는 거야"라고 말하고 시간이 되면 약속한 대로 식탁을 치운다. 만약 식탁을 치우겠다고 말해놓고 아이가 밥을 다 안 먹었다고 치우지 않는다면 부모의 말은 힘을 잃게 된다. 아이가 밥을 제대로 먹지 않아서 걱정되고 마음이 쓰이겠지만 아이에게 약속한 대로 식사를 끝내야 한다.

만약 아이가 소리를 지르면서 치우지 말라고 한다면 그건 두 가지 이유 때문이다. 첫 번째는 그동안 밥을 다 먹어야 간식을 먹을 수 있었던 경우다. 밥을 다 먹지 못하면 간식을 먹을 수 없다는 걸 아는 아이는 먹기 싫어도 밥을 치우는 것을 거부한다. 그런 경우 밥을 잘 먹는 것과 상관 없이 간식 시간에만 간식을 먹는 규칙을 정해야 한다. 그러면 아이가 밥을 치운다고 떼를 쓸 이유가 없다.

두 번째는 엄마의 말투 때문이다. 30분이 지나서 밥을 치울 때 엄마의 말투나 어조에 화가 나 있다면 아이는 자기가 혼이 난다고 생각할 것이다. 엄마가 밥을 치우는 것이 혼나는 일이라 생각한 아이

두 배 쉬워지는 애 둘 육아 수업

는 혼나지 않기 위해 밥을 끝까지 먹으려고 한다. 아이가 밥을 제대로 먹지 않아서 화가 나더라도 직접적으로 표현하지 않아야 한다. 아이가 밥을 먹지 않는다고 엄마가 혼을 낸다면 식사 시간에 부정적인 정서를 갖게 될 수 있고, 밥 먹는 것이 엄마를 위한 일이라고 생각할 수 있다.

처음에는 잘 먹지 않아도 시간이 지나면서 아이는 정해진 시간 안에 식사를 해야 한다는 걸 배우게 된다. '밥을 먹는 데 집중해야 배불리 다 먹을 수 있구나' 하는 것을 경험으로 배운 아이는 별다른 개입이나 잔소리 없이도 밥에 집중해서 스스로 먹게 된다.

6단계 식습관 개선 교육

우주가 23개월이 됐을 때 식습관 개선 교육을 시작했다. 우주가 가지고 있던 나쁜 식습관은 크게 세 가지였다. 영상을 보면서 떠 먹여줘야 밥을 먹는 것, 영상을 보지 않을 때는 돌아다니는 우주의 입에 밥을 넣어줘야 하는 것, 1시간이 넘도록 밥을 먹는 것이다. 2주간의 식습관 개선 교육으로 우주는 식탁에 앉아서 밥을 먹게 됐다. 그리고 여섯 살이 된 지금까지도 영상을 보면서 밥을 먹거나 돌아다니면서 밥을 먹지 않는다. 스스로 먹기 힘든 날에 도와준 적은 있지만 스스로 먹는 것이 일상이 됐다.

식습관 교육을 하면서 가장 중요한 건 규칙을 일관되게 적용하는 것이다. 사실 이것은 아이보다 부모가 지키기 훨씬 어렵다. 몸이 지치고 고된 날에는 영상을 보여주며 편하게 먹이고 싶고, 아이가 너무 안 먹는 날에는 돌아다니거나 놀면서 먹게 하고 싶은 유혹의 순간이 수도 없이 찾아온다.

하지만 이런 습관이 2, 3일 반복되면 아이와의 식사 전쟁이 다시 시작될 수 있다. 원칙을 지키는 것이 어렵더라도 올바른 식습관이 만들어지면 그 이후부터는 육아의 어려움이 10분의 1로 줄어들게 된다. 그러므로 식습관 개선 교육을 하기로 마음먹었다면 매일 일관된 규칙을 적용해야 한다. 그래야 식사 전쟁이 빨리 끝날 수 있다.

STEP 1. 우리집 식사 규칙을 정한다

식습관 교육에 들어가기 전에 먼저 하이체어를 준비해야 한다. 지금까지 좌식 테이블에서 먹이기도 하고, 거실 바닥에서 놀면서 먹이기도 했다면 이제부터는 무조건 하이 체어에 앉아서 먹는 걸 규칙으로 정해야 한다. 왜냐면 좌식 테이블에서 먹는 경우 밥 먹는 곳과 노는 곳의 경계가 분명하지 않아 아이가 식사 자리를 이탈하기 쉽기 때문이다. 이 경우 아이에게 훈육해야 하는 상황이 빈번하게 발생해서 식습관 교육이 어려울 수 있다. 그러므로 하이 체어에 앉아서 먹을 수 있는 환경을 조성하는 것이 중요하다.

그리고 식탁은 아무것도 없이 깨끗하게 정돈된 상태로 식사하는 것이 좋다. 식탁 위에 아이의 흥미를 끌 만한 물건이 있으면 밥 먹는 데 집중하기 어렵다. 식사 전에 식탁 위와 주변에 있는 책, 장난감, 아이가 관심 가질 만한 물건을 치워야 한다. 그리고 아이가 장난감을 가지고 놀고 있더라도 식사 시간이 되면 장난감을 두고 식탁으로 올 수 있도록 해야 한다. 장난감 대신 숟가락을 주고 스스로 숟가락질을 하게 하면 다른 물건에 관심을 빼앗기지 않을 수 있다.

마지막으로 부부가 한마음으로 식습관 교육을 해야 한다. 만약 부부 중 한 명이 아이가 밥을 먹지 않는 것을 염려해 아이가 원하는 방식으로라도 먹여야 한다고 생각한다면 식습관 개선 교육은 성공하기 어렵다. 식습관 교육을 하기로 했다면 목표와 방법에 대한 부부의 의견을 일치시키는 과정이 꼭 필요하다. 그렇게 해야 아이도 혼란스럽지 않고, 부모도 흔들리지 않고 아이의 식습관 문제를 개선할 수 있다.

STEP 2. 충분한 공복을 만들어준다

아이가 배가 고프지 않은 상태에서 자리를 이탈하지 않고 스스로 먹도록 하는 것은 아주 어려운 일이다. 그러니 식사와 간식 사이에

2시간 이상 간격을 준다. 하지만 이건 아이마다 다를 수 있다. 어떤 아이는 식사 2시간 전에 간식을 먹어도 밥을 잘 먹지만 어떤 아이는 간식을 먹으면 배고픔을 느끼는 데 시간이 꽤 걸리기도 한다. 후자의 경우 간식 시간과 식사 시간 그리고 간식의 양을 조정하면서 아이가 배가 고픈 시간을 찾아야 한다. 식습관 교육을 하는 몇 주간은 간식을 아예 주지 않는 것도 도움이 된다. 사실 어린이집에서 오전, 오후 간식을 먹었기 때문에 집에서 또 간식을 주면 저녁 식사 시간까지 배부른 상태가 지속될 수 있다.

STEP 3. 영상 없이 식사한다는 규칙을 지킨다

식습관 교육 첫째날에 우주에게 앞으로는 장난감이나 영상 없이 식탁 의자에 앉아서 식사할 것이라는 규칙을 정했다. 아주 오랫동안 영상을 보며 밥을 먹어온 우주는 심하게 거부했다. 이때 흔들리지 않고 우주에게 규칙을 여러 번 말해줬다. 식탁으로 오기를 거부하는 우주를 남겨두고 나와 남편은 식사를 했다. 30분 정도 떼를 쓰다 혼자 놀던 우주는 결국 식탁으로 왔다. 그리고 영상 없이 밥을 먹었다. 물론 다 먹지는 않았지만 먹고 싶은 만큼 먹고 의자에서 내려가게 했다. 다음 날에도, 그다음 날에도 우주는 계속 영상을 보여달

두 배 쉬워지는 애 둘 육아 수업

라고 했지만 들어주지 않았다.

아이에게 규칙을 말했다면 부모는 규칙을 지켜야 한다. 육아가 힘든 날이었다고 식습관 교육 중에 예전처럼 영상을 보여주며 먹이거나 돌아다니면서 먹인다면 아이의 울음과 떼는 더 강해진다. 아이가 떼를 쓴다고 아이의 뜻대로 해주는 것은 아이를 위한 일이 아니다. 처음에는 아이가 밥을 먹는 것을 거부할 수 있다. 이때 부모가 해야 할 일은 아이의 식사 스케줄을 조정하고 아이가 맛있게 먹을 수 있는 음식을 찾는 일이지 아이에게 영상을 틀어주는 일이 돼서는 안 된다.

STEP 4. 평소에 좋아하는 음식을 준비한다

식습관 교육을 할 때 가장 중요한 건 아이가 좋아하는 음식을 주는 것이다. 이를 위해서는 평소 아이가 무엇을 잘 먹는지 관찰하는 것이 중요하다. 아무리 안 먹는 아이라도 배가 고프고, 좋아하는 음식이 있으면 먹게 돼 있다. 의자에 앉아서 먹지 않는 아기들도 과일이나 주스 등 맛있는 간식을 주면 돌아다니지 않고 제자리에 앉아서 잘 먹는다. 즉, 앉아서 '못' 먹는 것이 아니라 앉아서 '안' 먹는 것이다. 그러므로 아이가 가장 잘 먹는 음식을 줘서 먹고 싶은 마음이 들도록 유도해야 한다. 좋아하는 음식의 가짓수가 많을 필요는 없다. 식습관 교육의 첫걸음은 골고루 많이 먹는 것을 가르치는 것이 아니라 바른 식사 태도를 형성하고 자기 의지로 식사하는 것이기 때문이다. 처음에는 좋아하는 음식 위주로 식판을 구성하면서 스스로 맛있게 먹는 연습을 한다. 올바른 식습관 태도가 자리 잡히고 나면 영양적으로 균형 있는 식사를 할 수 있도록 다양한 음식을 시도해나가면 된다.

STEP 5. 규칙을 지키지 않으면 식탁을 정리한다

식사 시간에 아이가 그만 먹겠다고 하거나 자리에서 이탈할 때 위기의 순간이 온다. 밥을 조금밖에 먹지 않는 아이를 보면 '영상을 틀어줄까?', '장난감을 가지고 놀면서 먹게 할까?', '바닥에 내려서 놀면서 먹게 할까?'라는 마음이 들기도 한다. 이때 부모가 해야 할 일은 '식탁에서는 아무런 놀잇감 없이 밥을 먹는 것'이라는 규칙을 일관되게 알려주는 것이다. "밥 다 먹었니? 그만 먹을 거면 내려가도 돼. 하지만 돌아다니면서 먹는 건 안 돼"라고 알려주고 아이의 식판을 정리한다. 만약 배가 고픈데도 조금만 먹고 내려가려고 한다면 "김에 밥 싸서 먹을래?", "물 좀 마시고 먹을까?", "다른 반찬 꺼내줄까?" 등 식탁에서 밥을 더 먹을 수 있도록 유도해야 한다. 한 숟가락도 먹지 않았으면 아직 배가 고프지 않거나 먹고 싶은 음식이 없는 경우다. 이 경우에는 아이를 내려오게 하고 1시간 뒤에 다시 밥을 차려줘 식탁에서 밥을 먹을 수 있도록 해야 한다. 만약 1시간 뒤에도 밥을 거부한다면 고구마나 감자 등 밥 대용식을 주고 식탁에서 식사할 수 있도록 한다.

아이가 밥을 먹지 않겠다고 해서 내려갔는데 다시 밥을 먹겠다고 오면 한두 번은 기회를 주어도 된다. 하지만 이 같은 행동이 여러 번 반복된다면 "이제 내려가면 엄마가 식판을 치울 거야"라고 말하고 아이가 의자에서 내려가면 식탁을 정리한다. 이때 아이가 울더라도 단호한 태도를 유지해야 한다. 부모의 일관된 태도를 통해 아이는 식탁에서만 식사해야 한다는 규칙을 배울 수 있다.

STEP 6. 경험을 토대로 시간표를 조정한다

식습관 교육을 하면서 아이가 언제 밥을 맛있게 먹는지 파악해야 한다. 하원 시간이 언제인지, 간식을 좋아하는 아이인지, 간식도 밥도 잘 안 먹는 아이인지, 양은 많은데 자리에 앉아서 먹지 않는 게 문제인지 등에 따라 간식의 양과 식사 시간을 조정해 나갈 수 있다. 아이가 밥을 잘 먹은 날과 그렇지 않은 날의 시간표를 비교해 가며 아이에게 맞는 식사 시간표를 만들어나간다.

다음은 식습관 교육을 하며 정착한 우리 집 하루 식사 시간표다.

우리 집은 아이들이 과일을 좋아해서 3시 30분에 하원하면 간단하게 과일 간식을 준다. 4시 이후에는 간식을 주지 않고 간식의 양에 따라 6시 30분에서 7시 사이에 저녁 식사를 한다. 그 이후에 간식은 없다. 이렇게 하니 아이들이 가장 저녁을 맛있게 먹을 수 있는 시간표가 만들어졌다.

오전 7시 30분	간단한 아침 식사
오전 10시	어린이집 오전 간식
정오 12시	어린이집 점심 식사
오후 3시	어린이집 오후 간식
오후 3시 30분	과일 간식
오후 6시 30분	저녁 식사

매일 우주에게 화내고 후회하는 것을
반복하던 그 시절,

내 육아는 왜 이렇게 힘들까.
난 엄마 자질이 부족한 건 아닐까 하는 생각에 괴로웠다.

아이에게 한 번도 화를 내본 적이 없다던
친구 A의 말을 들으며

아이 둘을 낳아도 늘 온화한
친구 B의 말을 들으며

엄마로서 자책감은 더 쌓여갔다.
타인과의 비교 속에서 나에게 박한 점수를 매기며
스스로를 미워했다.

시간이 한참 흐른 뒤 그 시절
내가 왜 그랬을까 돌이켜 생각해 보니 그때는
그럴 수밖에 없었겠다는 생각이 들었다.

내 육아가 유독 힘든 건
내 육아 환경이 유독 어렵기 때문일 수 있다.

모든 것을 내 탓으로 돌리며
자책하기보다는

이 정도면 잘하고 있다고
스스로 기특하게 생각하면 어떨까.

두 배 쉬워지는 애 둘 육아 수업

내 육아가 유독 힘든 이유

"넌 아기한테 화 안 내?"

우주에게 화내고 후회하는 것을 반복하던 시절, 내 질문에 친구 A는 아이에게 화를 내지 않는다고 했다. 내가 무안할까 봐 "대신 남편한테 매일 화내지"라며 나를 위로하는 말이 더욱 마음을 아프게 했다. '나는 왜 이 조그만 아이에게 매일 화를 내고야 마는 것일까.' '나처럼 엄마 자질이 부족한 사람은 둘째를 낳지 말았어야 했을까.' 나를 엄마로 둔 아이들이 불쌍해서 견디기 힘들었다.

"둘째는 사랑이더라. 둘 낳길 정말 잘한 것 같아." 아이 둘을 낳고도 늘 화목해 보이는 친구 B가 말했다. 나도 그렇다고 공감해 주고 싶었지만 그럴 수 없었다. 친구 B는 어렸을 때부터 늘 밝고 긍정적이었다. 학창 시절에도 그렇게 긍정적이더니 아이 둘을 낳고도 여전한 것 같았다. 예나 지금이나 그렇지 못한 나와 친구를 비교하며 자책감은 더욱 깊어졌다. 타인과의 비교 속에서 나는 스스로에게 박한 점수를 매기며 자신을 미워하고 있었다.

시간이 한참 흐른 뒤, 친구 C가 둘째를 낳았다. "나 요즘 계속 네가 생각나. 네가 은하를 낳고 얼마 되지 않아 울면서 전화한 날 기억 나? 그때는 너를 완전히 이해하지 못했는데 이제야 알겠더라. 네가 왜 그렇게 아이들에게 미안해했는지 말이야." 친구와의 대화를 통해 지금은 희미해진 기억이 떠올랐다. 내가 왜 그렇게 우주에게 화를 냈는지, 혼자 아이 둘을 돌보는 일이 왜 그렇게 두려웠는지.

아이에게 한 번도 화를 낸 적 없다던 친구 A는 어머니의 도움을 받으며 딸 하나를 키우고 있었다. 아이 둘을 낳고도 늘 밝고 긍정적이었던 친구 B는 양가 부모님의 도움을 적극적으로 받고 있었다. 친구의 남편 역시 유연한 근무 시간 덕분에 친구와 함께 아이 둘을 키울 수 있었다. 하지만 나는 양가 부모님의 도움을 받지 못했을 뿐만 아니라 출장, 야근으로 바쁜 남편의 도움도 받지 못하고 아이 둘을 혼자 돌봐야만 했다. 육아 환경이 이렇게 다른데 아이에게 화를 냈다는 사실만으로 엄마로서 자질이 없다고 자신을 몰아세웠던 지난날의 내가 가엾게 느껴졌다. 나만 유독 육아가 어렵고 힘들게 느껴질 때는 내 육아 환경이 유독 힘들기 때문일지도 모른다. '나는 못난 엄마야'라는 생각이 들 때면 이렇게 생각해 보자. '이 정도면 훌륭해. 잘하고 있어'라고.

두 배 쉬워지는 애 둘 육아 수업

다시 만난
이유식의 세계

이유식을 거부할 때 알아둘 것

아이들의 식습관 문제는 대부분 이유식을 먹는 시기에 시작된다. 이때 부모가 아이의 이유식 거부에 어떤 태도를 취하느냐에 따라 유아식까지 영향을 미치게 된다. 지금 많이 먹이는 것보다 지금 잘 먹지 않더라도 앞으로 스스로 잘 먹는 아이로 자라는 것이 더 중요하다. 당장 아이에게 조금이라도 더 먹이기 위한 행동은 아이의 이유식 거부를 해결하지 못할 뿐만 아니라 아이에게 안 좋은 식습관을 갖게 해 문제가 장기화될 수 있다. 이유식 거부기에 부모가 하지 말아야 할 행동을 알아둔다면 아이의 이유식 거부를 현명하게 극복해 나갈 수 있을 것이다.

→ 수유량을 줄인다

아기가 6개월 정도가 되면 이유식을 시작한다. 이유식을 시작할 때가 되면 밤중 수유를 끊도록 노력해야 한다. 밤중 수유가 돌까지 지속되면 이유식 양이 늘지 않는 원인이 되기도 한다. 밤중 수유를 하는 아기들은 낮 동안 이유식을 충분히 먹지 않고 밤중 수유로 보충하려고 한다. 이유식 양을 늘리기 위해서는 필요한 열량은 낮에 채우고 밤에는 충분히 잘 수 있도록 하는 것이 중요하다. 그러므로 6개월이 돼서도 밤중 수유를 하고 있다면 수유량을 서서히 줄여나가야 한다.

또한 이유식을 시작하고 나서는 낮 수유량도 줄여야 한다. 아기가 이유식을 잘 먹지 않는다는 이유로 분유나 모유로 부족한 열량을 보충해 주면 아기의 이유식 양이 늘지 않는다. 아기가 이유식을 정량보다 먹지 않더라도 수유량을 늘리지 않는다. 분리 수유를 하는 경우에도 마찬가지다. 이유식을 적게 먹은 경우에도 바로 수유하지 않고 원래 하던 시간에 주던 양만큼 수유해야 한다. 대신 이유식 거부가 지속되는 경우에는 간식으로 부족한 열량을 채워준다. 치즈나 요거트보다는 이유식을 대신할 수 있는 고구마나 달걀 등의 간식으로 보충해야 한다. 치즈나 요거트 등의 유제품은 분유나 모유 대용식이 될 수 있기 때문이다.

입자와 농도에 거부감을 느끼는 경우

→ 입자와 농도를 너무 빨리 바꾸지 않는다

인터넷에 '이유식 거부'라고 검색해 보면 '잘 먹던 아기가 후기 이유식에 들어서면서 이유식을 거부하기 시작했다'라는 이야기가 대부분이다. 왜 아기들은 후기 이유식에 들어가면 잘 먹던 이유식을 거부하는 걸까? 후기 이유식에 들어가면 입자가 커지고 농도가 되직해진다. 꿀떡꿀떡 넘어가는 질감의 죽 이유식만 먹다가 입자가 커지고 농도가 되직해지면 씹는 활동이 더 필요해진다. 이런 저작 활동은 아기에게 거부감을 줄 수 있다. 만약 후기 이유식에 들어가자마자 이유식 거부가 왔다면 다시 중기 이유식으로 돌아가는 것도 도움이 된다. 입자를 크게 만들었다면 좀 더 잘게 만들거나, 되직하게 만들었다면 입자를 작게 만들어서 후기 이유식에 천천히 적응할 수 있도록 해준다. 후기 이유식을 먹일 시기가 됐다고 무조건 후기 이유식에 들어가야 하는 것은 아니다. 아기마다 속도가 다른 것을 인정해 주고 조급해하거나 불안해하지 말자.

죽 이유식이 먹고 싶지 않은 경우

→ 음식 조리법을 바꾼다

중기 이유식으로 돌아가도 잘 먹지 않는다면 죽 이유식이 지겨워졌을 수도 있다. 이 경우 아기를 하이 체어에서 내리거나 장난감을 주는 대신 음식 조리법을 바꿔보자. 죽 이유식을 먹는 아기라면 토핑 이유식을 시도해 보자. 토핑 이유식은 채소와 고기, 밥을 따로 식판에 담아 각 재료의 맛을 느끼며 먹을 수 있는 방식이다. 죽에 비해 음식 고유의 맛을 느낄 수 있어 죽 이유식을 거부하던 아기도 다시 잘 먹는 경우도 많다. 만약 토핑 이유식을 잘 먹다가 또 거부하면 핑거푸드로 바꿔보자. 토핑 이유식이 입자를 잘게 해서 주는 것이라면 핑거푸드는 아기가 한 손에 잡아서 먹을 수 있게 하는 방법이다. 찐 채소와 삶은 달걀, 두부, 감자, 고구마 등을 아기가 잡을 수 있는 크기로 잘라주면 잘 먹는 경우가 많다. 이때 거창하게 음식을 만들기보다는 원재료 그대로 찌거나 삶아서 주는 것이 좋다. 이렇게 하면 아기가 더 잘 먹을 뿐만 아니라 음식을 만드는 수고도 덜 수 있어 만약 아기가 잘 먹지 않더라도 스트레스를 받지 않을 수 있다. 냉장고에 재료를 구비해 두고 하루에 한두 끼 정도는 핑거푸드 형태로 음식을 제공해 보자.

아이가 죽 이유식을 거부하면 토핑 이유식을, 토핑 이유식을 거부하면 핑거푸드를, 핑거푸드를 거부하면 다시 죽 이유식으로 돌아가며 방법을 찾아보자. 이유식을 잘 먹지 않는다고 의자에서 내려 따라다니며 먹이면 습관으로 굳어질 수 있기 때문이다.

먹기 싫은데 억지로 먹인 경우

→ 완밥에 대한 집착을 버리고 먹기 싫어하면 식사를 종료한다

아기들은 잘 먹다가 안 먹고 안 먹다가 잘 먹는 시기를 반복하면서 자란다. 잘 먹던 아기도 밥태기가 오기 마련이다. 그런데 부모 입장에서는 100밀리리터씩 먹던 아기가 갑자기 50밀리리터도 먹지 않으면 불안해지기 시작한다. 부모로서 아기의 양이 줄면 하루 종일 스트레스를 받을 정도로 걱정되는 것도 사실이다. 하지만 그럴 때일수록 아기의 양에 집착하지 않아야 한다. 아기에게 완밥을 강요하고 잘못된 방식으로 먹일수록 아기는 밥 먹는 것에 흥미를 잃게 된다. 아기가 그만 먹겠다는 의사를 표현하면 식사를 종료하는 걸 원칙으로 삼아야 한다. 아기는 스스로 몸무게를 조절하는 시기가 되면 평소보다 덜 먹는다. 특히 12~14개월에는 아기들의 급성장 시기가 끝나 많은 열량이 필요하지 않다. 그러므로 아기가 평소보다 덜 먹는 것처럼 보여도 자기가 필요한 양만큼 먹은 것이므로 더 먹길 강요하지 않고 기다려주면 다시 잘 먹는 시기가 온다.

이앓이를 하거나 아플 때도 이유식을 거부할 수 있다. 이때는 부드러운 음식이나 아기가 좋아하는 음식 위주로 줘서 필요한 열량을 채워야 한다. 그리고 컨디션을 회복하면 다시 원래 먹던 고형식 위주의 식단으로 되돌아가면 된다.

스푼 피딩 방식이 지루해진 경우

→ 아기가 스스로 먹을 수 있도록 한다

이유식을 잘 먹던 아기가 갑자기 고개를 획 하고 돌리는 경우 스푼 피딩spoon feeding을 거부하는 것일 수 있다. 아기가 8~9개월이 되면 주변의 사물에 관심이 생기기 시작한다. 한자리에 앉아서 이유식을 잘 받아먹던 아기도 밥 먹는 데 집중하지 못하고 주변의 물건을 달라고 하거나 의자에서 내려달라고 한다. 이때 숟가락이나 핑거푸드는 아기에게 흥미로운 장난감이 될 수 있다. 아기에게 스스로 먹을 기회를 주면 받아먹는 데 지루함을 느끼는 아기의 집중력을 연장시키고 소근육을 발달시킬 수도 있다. 물론 아기가 숟가락을 입에 제대로 집어넣지 못하거나 채소 스틱을 던지는 모습을 보기 힘든 것도 사실이다. 하지만 깔끔하게 먹이고 싶어서 스스로 먹을 기회를 주지 않으면 이유식 거부를 해결하기 어렵다. 그리고 처음이 어렵지 몇 번 하다 보면 아기도 엄마도 나름의 노하우가 생겨서 오히려 이유식 시간이 더 편해질 수 있다.

두 배 쉬워지는 애 둘 육아 수업

이유식 거부기에 '절대' 하면 안 되는 3가지

> ## 장난감 주며 먹이기

아기가 이유식을 먹다가 보이는 물건을 달라고 하는 경우가 있다. 이때 어떤 선택을 하느냐에 따라 앞으로 아기의 이유식을 먹이는 방법이 결정된다. 나는 처음부터 식탁을 깨끗하게 치워서 은하가 이유식을 먹는 데 집중할 수 있도록 했다. 또한 은하에게 "이유식 다 먹고 줄게"라고 반복적으로 규칙을 알려줬다. 말을 알아듣지 못하는 아기라도 엄마의 목소리나 어조를 듣고 자신의 요구를 들어줄 수 없다는 의미를 이해할 수 있다. 이렇게 말했는데도 은하가 울면서 이유식을 거부할 때는 먹이는 것을 멈추고 안아서 달랬다. 진정하면 다시 "이유식 먹고 가지고 놀자" 하고 의자에 앉혀서 이유식 먹이는 것을 시도해 보았다. 그래도 이유식을 거부하면 식사를 종료하고 다음 이유식 시간을 기다렸다. 이 과정을 몇 번 반복하니 은하는 이유식을 먹을 때는 장난감을 가지고 놀 수 없다는 것을 배우게 됐다. 덕분에 지금까지 장난감을 가지고 놀면서 이유식을 먹은 적이 없다. 부모가 장난감을 주지 않으면 결국 아이는 장난감 없이 이유식을 먹을 수 있다.

아기가 하이 체어에서 이유식을 먹다가 갑자기 의자에서 내려가려고 하기도 한다. 이때 아기가 돌아다니면서 먹는 것을 허용하면 오랜 시간 아기를 따라다니며 먹이게 될 가능성이 높아진다. 우주가 의자에 앉지 않고 돌아다니면서 이유식을 먹을 수 있다는 사실을 알게 된 이후로 식사 시간이 되면 하이 체어에 앉기를 거부했다. 하지만 은하에게 이유식을 먹일 때는 이유식을 먹지 않겠다고 해도 의자에서 내려서 먹이지 않았다. 그랬더니 밥은 무조건 의자에서 앉아 먹는 게 당연한 아이로 자라게 됐다.

그렇다면 이유식 먹기 전부터 하이 체어에 앉기를 거부하거나 이유식을 조금만 먹고는 내려가고 싶어 하는 경우에는 어떻게 해야 할까? 아기가 식탁으로 올 수 있도록 흥미를 끌어야 한다. 어린 아기일수록 관심을 다른 곳으로 돌리는 일이 쉽다. 의자에 앉기를 거부하다가도 주의를 전환할 수 있는 자극이 있으면 금방 울음을 그치기도 한다. 은하가 의자에 앉는 것을 거부했을 때는 밝은 색상의 캐릭터 식기나 알록달록한 채소 스틱으로 관심을 끌었다. 또한 이유식을 손에 살짝 찍어서 은하의 입에 넣어준 후 "밥 먹으러 가볼까?" 하고 식탁으로 데려오기도 했다. 처음에는 어른 의자에서 은하를 안고 이유식을 먹이다가 "의자에 앉아서 먹어볼까?" 하며 하이 체어에 앉히기도 했다. **당장 이유식을 많이 먹는 것보다 조금 먹더**

라도 의자에 앉아서 먹는 것이 훨씬 더 중요하다.

영상 보여주며 먹이기

이유식을 거부하던 아기에게 영상을 틀어주면서 먹이면 어떻게 될까? 이유식을 먹기 싫었던 마음을 잊어버리고 영상을 보느라 이유식을 꿀떡꿀떡 잘 먹을 것이다. 영상 속의 다양한 화면에 시선을 빼앗겨 음식의 맛과 질감을 인지하기 어려워지고 포만감을 느낄 수 없어 자신의 양보다 더 많은 양을 먹을 수도 있다. 이처럼 아기에게 영상을 보여주며 밥을 먹이면 일시적으로는 밥을 잘 먹을 수는 있다. 하지만 습관이 되면 부작용이 하나둘씩 생기게 된다.

먼저 영상 없이는 절대 밥을 먹으려고 하지 않는다. 이미 영상을 보며 밥을 먹을 수 있다는 것을 경험으로 알게 된 아기는 영상을 보여주지 않으면 입을 벌리지 않는다. 뿐만 아니라 처음에는 순한 영상으로 시작했을지라도 그 영상이 지루해지면 다른 영상을 보여줄 때까지 입을 벌리지 않게 된다. 그러다 보면 아기 수준에 맞지 않는 자극적인 영상을 보여주게 될 가능성이 커진다.

게다가 영상을 보는 아기는 식사 시간에 부모와 아무런 상호작용도 할 수 없다. 부모가 입에 넣어주는 밥을 수동적으로 먹을 뿐이다. 하지만 식사 시간은 가족 간에 소통이 이루어져야 하는 시간이다.

아기에게 이유식을 먹이는 것은 단순히 영양을 채워주는 의미를 넘어서 식사 예절을 배우고 올바른 식습관을 형성한다는 데 의의가 있다. 밥을 잘 먹이기 위해 영상을 보여주는 것은 식습관 문제를 해결하는 것이 아니라 장기적으로 더 큰 문제를 야기할 수 있음을 인지하고 어릴 때부터 영상 없이 밥을 먹는 연습을 해야 한다.

엄마표 이유식, 좀 대충해도 된다

나는 우주와 은하 모두 이유식을 만들어 먹였다. 초기 쌀미음만 만들어야지 하고 시작했는데 하다 보니 후기 이유식까지 만들게 됐다. 이유식을 직접 만든 가장 큰 이유는 모성애 때문도, 아이 건강 때문도 아니고 단지 아이들이 시판 이유식을 거부해서였다. 이유식을 직접 만들기 힘들어 시판의 힘을 빌리면 평소 먹던 것의 반도 먹지 않는 경우가 대부분이었다. 한마디로 강제 엄마표 이유식을 한 셈이다.

요즘은 이유식에 대한 정보가 넘쳐나다 보니 이유식 준비물을 마련하는 데만 해도 품이 꽤 든다. 실리콘 식판, 아기 숟가락, 이유식 용기뿐만 아니라 칼이며 도마 믹서기, 가위, 주걱 등 집에 있는 것까지 다 아기용으로 바꾼다. 또 이유식 계획표를 작성해 가며 새로운 재료에 친숙해지도록 체계적으로 계획을 세우기도 한다. 육퇴 후에는 새벽까지 이유식을 만들며 정성을 들인다. 무게를 재며 한 치의 오차도 없이 만들고 아기 목에 걸릴까 봐 체에 거르기까지 한다.

이 모든 이야기는 내가 우주를 키울 때의 모습이다. 물론 경제적, 시간적으로 여유가 되고 이유식을 만드는 과정이 행복하다면 지극 정성으로 이유식을 만드는 것이 좋다. 하지만 아이 둘을 키우거나 육아에 스트레스를 받는 상황이라면 이유식에 내려놓음이 필요하다. 엄마 손으로 이유식을 만들어서 아이에게 먹이는 것이 행복한 육아에 필수는 아니기 때문이다.

은하를 키울 때는 기존에 있는 식기를 사용했다. 물론 우주 때 쓰던 것도 많았지만 어른 요리를 할 때 사용하는 주방용품을 그대로 사용한 것도 많았다. 또 체계적으로 이유식 식단을 짜기보다는 어른들이 저녁으로 먹을 재료 중 일부를 사용해 이유식을 만들었다. 그래서 양배추 이유식을 일주일 동안 먹인 적도 있고 브로콜리 이유식을 일주일 넘게 먹인 적도 있었다. 미리 만들어놓기 힘들 때는 집에 있는 재료를 몇 가지 섞어서 바로 만들기도 했다. 오히려 이유식을 만드는 데 수고가 덜 드니 아이가 잘 먹지 않아도 스트레스를 덜 받았다.

새벽까지 못 자고 만든 이유식에는 엄마의 정성도 들어 있지만 엄마의 기대도 들어 있다. 그 기대에 못 미치는 순간 내 뜻대로 되지 않는 육아에 절망하기도 한다. 아기도 결국 사람이다. 아기에게 먹일 것이라고 너무 특별하고 고귀하게 생각할 필요는 없다. 아기에게 좋은 것만 주고 싶고 다 해주고 싶은 마음은 이해하지만 그 마음이 엄마를 지치고 힘들게 하지 않도록 균형을 잘 잡아야 한다.

두 배 쉬워지는 애 둘 육아 수업

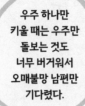

우주 하나만 키울 때는 우주만 돌보는 것도 너무 버거워서 오매불망 남편만 기다렸다.

아직 4시네. 하루 종일 놀아줬는데 시간 진짜 안 간다.

헉! 벌써 4시네! 우주 데리러 가야겠다.

우주가 등원하고 은하와 둘이 있는 시간은 힐링 타임이다.

남편이 야근하는 날에는 우주를 혼자 보는 게 두려워 전날부터 걱정이 됐다.

내일 9시까지 야근할 것 같아 미안해.

말도 안 돼. 나 혼자 우주를 어떻게 봐.

잘 가~ 자고 와도 돼~

갔다 올게. 푹 쉬어~

안녕~

오예! 자유 시간 5시간 획득! (은하 낮잠 시간)

주말에 남편이 우주를 데리고 놀러 가면 혼자 은하를 돌보며 자유 시간을 얻은 기분이다.

둘째 육아의 작은 여유

둘째를 낳고 나면 정말 마법 같은 일이 생긴다. 바로 아이 한 명을 돌보는 일이 세상에서 제일 쉽게 느껴지는 것이다. 우주 한 명만 키울 때는 우주와 놀아주고 씻기고 먹이고 재우는 일이 정말 힘들었다. 특히 신생아 때는 말도 통하지 않는 우주에게 말을 걸고 놀아주느라 밥도 제대로 못 먹고 씻지도 못했다. 밤에 일어나 밤수유를 하며 쪽잠을 자는 것도 힘들었고 낮과 밤 구분 없이 하루에 열 번도 넘게 먹이고 재우는 게 정말 고되었다. 이유식을 만들 때도 한 치의 오차도 없어야 했다. 전날 이유식이 떨어지면 큰일이라도 난 것처럼 새벽에도 이유식을 만들고 잤다. 다양한 재료를 맛볼 수 있도록 식단표를 짜서 계획대로 착착 진행했다. 하루 종일 집에서 우주랑 노는 일은 힘들기도 했지만 너무 지루했다. 아침에 눈을 떠서 우주

두 배 쉬워지는 애 둘 육아 수업

가 낮잠을 자러 가기 전까지의 네 시간이 너무나도 길게 느껴졌다. 그런데 은하를 낳고 나니 말도 못 하는 신생아를 돌보는 일이 세상에서 제일 쉬운 일이 됐다. 수유만 하면 바로 자고, 일어나면 또 먹이는 단순한 일상이 무료할 만큼 편했다. 아침에 아이 둘을 돌보며 등원 전쟁을 치르고 우주가 등원하면 은하와 있는 시간은 힐링 타임이었다. 시간이 어찌나 빨리 가는지 오전 9시부터 오후 4시까지 한 것도 없는데 금방 우주의 하원 시간이 됐다. 주말에 남편이 우주를 데리고 시댁에 가고 집에서 은하와 둘이 있는 날은 자유 시간이었다. 부족한 잠도 보충하고 미뤄둔 집안일도 할 수 있었다. 우주를 키울 때는 우주가 심심할까 봐 최선을 다해 놀아줬는데 은하는 딱히 보채지 않으면 누워서 쉬는 시간을 가졌다. 나는 그렇게 노련한 둘째 엄마가 됐다.

가끔 이런 생각을 한다. 둘을 키워본 지금의 내가 다시 예전으로 돌아가 우주를 키울 수 있다면 참 좋을 텐데 하고. 그럼 더 수월하게 키울 수 있을 것이다. 하지만 미숙한 내가 우주와 함께 성장한 그 시간 역시 소중한 시간이라 생각한다. 첫째 아이는 처음이라 서툴지만 열정적인 모습으로, 둘째 아이는 편안한 만큼 노련한 모습으로 사랑해 주고 있다.

식습관 교육의
가장 큰 산 넘기

편식 문제 극복하기

식습관 교육을 한 아이는 영상 없이, 돌아다니지 않고 의자에 앉아 밥을 잘 먹게 된다. 하지만 잘 먹는다는 것이 골고루 먹는다는 것을 의미하는 것은 아니다. 아이가 유아식을 먹기 시작하면 자연스럽게 편식이 시작된다. 여러 재료를 섞어서 죽으로 만들 때는 편식 걱정이 없지만 반찬을 따로 주면 먹고 싶은 음식 위주로 먹게 된다. 하지만 부모 입장에서 아이가 음식을 가려서 먹으면 걱정부터 된다. 좋아하는 음식만 먹으려는 아이에게 균형 있게 먹일 수 있는 방법이 있을까? 편식 없이 골고루 잘 먹는 아이는 기질적인 영향도 있지만 환경적인 영향도 크다. 우주와 은하를 편식 없이 키운 노하우를 이야기해 보려 한다.

편식은 무조건 문제일까?

많은 부모는 자기 아이가 편식이 심하다고 생각한다. 식습관 관련 상담을 진행해 보면 열 명 중 아홉 명은 아이가 편식을 해서 고민이라고 말한다. 하지만 어린아이일수록 편식은 당연한 일이다. 처음 보는 음식을 낯설어하지 않고 냉큼 먹는 아이가 얼마나 될까? 아이들은 부모와 함께 살아가면서 엄마 아빠의 삶을 모방하며 삶의 양식을 배워나간다. 음식 역시 집에서 어떤 음식을 먹고 자랐느냐에 따라 좋아하는 음식이 달라진다. 그런데 음식 취향은 하루아침에 생기는 것이 아니라 오랫동안 지속적으로 특정 환경에 노출되면서 습득하게 된다. 그렇기에 아이가 편식을 한다고 해서 너무 심각하게 걱정할 필요는 없다. 아이가 지금은 먹지 않더라도 부모가 다양한 음식을 골고루 먹는 것을 보여주고, 또 지속적으로 노출시켜 준다면 자라면서 먹을 줄 아는 음식이 하나둘씩 생기게 된다.

그리고 편식이 심하다고 무조건 영양에 문제가 되는 것은 아니다. 균형 있는 식단을 위해서는 3대 영양소인 탄수화물, 단백질, 지방이 들어 있는 음식을 먹으면 된다. 여기에 채소를 곁들이고 간식으로 과일과 유제품을 먹으면 균형 있게 섭취하고 있다고 볼 수 있다. 이때 먹을 줄 아는 음식의 가짓수가 적다고 꼭 문제가 되는 것은 아니다. 하나의 영양소에 치우치지 않고 영양소별로 얼마나 균형 있게 먹고 있는지가 더 중요하다. 실제로 아이가 어떤 음식을 주로 먹는지 관찰해 보고 편식으로 인한 영양소 결핍이 있는지 확인해 볼 필요가 있다.

탄수화물	쌀(백미, 현미, 잡곡 등), 오트밀, 빵, 면(국수, 스파게티 등), 옥수수, 채소(고구마, 감자, 단호박 등)
단백질	소고기, 닭고기, 돼지고기, 오리고기, 생선(대구, 고등어, 가자미, 삼치, 조기 등), 달걀, 두부, 새우, 오징어, 문어, 콩(완두콩, 검은콩, 강낭콩, 병아리콩 등)
지방	견과류(호두, 잣, 아몬드, 땅콩 등), 오일(현미유, 올리브유, 아보카도유 등), 버터(무염버터, 기버터)
채소	양파, 당근, 애호박, 시금치, 브로콜리, 가지, 무, 파프리카, 토마토, 양배추, 배추, 오이, 부추, 버섯(새송이버섯, 양송이버섯, 표고버섯 등)
유제품	우유, 치즈, 요거트
과일	사과, 수박, 딸기, 블루베리, 바나나, 배, 멜론, 포도, 키위, 복숭아, 귤, 참외

각 영역 안에서 아이가 먹을 수 있는 음식을 체크해 보자. 각 영역

에서 한두 가지씩 먹는 음식이 있다면 크게 걱정하지 않아도 된다. 그럼 영양 불균형이 올 정도로 편식을 심하게 한다면 어떻게 해야 할까? 필수적인 영양소의 결핍이 오랫동안 발생할 경우 영양소를 채워줄 수 있도록 식단을 짜야 한다. 우주와 은하 역시 어릴 때는 고기를 잘 씹지 못해서 뱉어버렸다. 그럴 때는 두부나 달걀로 단백질을 섭취하도록 했다. 어떤 때는 밥만 먹기도 하고 어떤 때는 먹고 싶은 반찬만 먹기도 했다. 밥만 먹은 날에는 간식으로 삶은 달걀을 주기도 했다. 또 반찬만 먹은 날에는 빵이나 감자, 고구마로 탄수화물을 섭취하도록 했다. 오트밀, 빵, 면, 고구마, 감자 등의 탄수화물은 쌀 대신 먹을 수 있는 밥 대용식이다. 이처럼 편식이 심하면 영양 불균형이 오지 않도록 아이가 좋아하는 음식 중에서 균형 있게 먹을 수 있도록 식단을 구성해야 한다.

아이들은 왜 편식을 할까?

기질적으로 예민한 경우

나는 편식이 심한 사람이다. 내가 편식하는 이유는 냄새와 맛, 식감에 거부감을 느끼기 때문이다. 예를 들어 양파의 아삭함, 버섯이나 가지의 물컹거림이 입안에서 느껴지면 비위가 상한다. 국에 들어간 무의 물컹한 질감이 혀에 닿으면 뱉고 싶다. 당근이나 파프리카는 씹을수록 삼키기 힘든 맛이 난다. 태생적으로 자극에 민감하게 반응하는 사람이 있다. 이처럼 기질적으로 예민한 사람은 음식의 맛, 향, 식감에 불편함을 강하게 느낀다. 이로 인해 특정 음식을 거부하거나 선호하지 않는 경향이 편식하는 식습관으로 굳어진다.

똑같은 음식만 먹어서 경험해 본 음식이 적은 경우

부모가 편식하는 경우나 다양한 식재료를 사용하지 않는 경우 아이 역시 편식을 하게 될 가능성이 높다. 늘 비슷한 식재료로 만든 음식만 먹어서 다른 음식에 노출된 경험이 적기 때문이다. 또는 어른이 생각하기에 아이가 먹기 힘든 음식일 것이라 짐작하고 애초에 경험시키지 않은 경우에도 아이가 편식하는 식습관을 갖게 될 수 있다. 예를 들어 해산물을 자주 접하지 않으면 어른이 돼서도 해산물에 장벽이 느껴질 수 있다. 또는 가지나 브로콜리, 파 등의 채소를 아이가 먹지 않을 것이라 생각하고 요리해 준 경험이 없다면 커서도 선뜻 먹기가 어려울 것이다. 다양한 음식을 경험해 보지 못하면 특정한 맛에만 익숙해지게 돼 낯선 음식을 거부하고 특정 음식만 선호할 수 있다.

억지로 먹이려고 해서

아이가 편식을 한다고 음식을 억지로 먹이려고 하면 그 음식에 부정적인 인식을 갖게 할 수 있다. 이는 아이에게 스트레스가 되며 식욕까지 억제시킨다. 자기 선택권을 제한하고 아이의 선호를 고려하지 않으면 편식뿐만 아니라 식사 시간에도 부정적인 정서를 갖게 될 수 있다. 특히 아이가 선호하지 않는 음식을 먹이기 위해 밥 안에 숨겨서 먹인다면 예민한 아이들은 바로 알고 뱉어버린다. 이런 일이 반복되면 처음부터 식사를 거부하게 될 수도 있다.

편식하지 않는 아이들, 이렇게 키웠다

부모가 편식이 심하면 아이도 편식하는 경우가 많다고 하는데 우리 집은 그렇지 않다. 우리 집 아이들은 간식으로 당근이나 오이, 브로콜리, 파프리카를 먹는다. 아침 식사로 삶은 달걀, 채소, 완두콩을 챙겨주는 날에는 "엄마 최고!" 하며 기분 좋게 먹고 간다. 나와 남편은 이런 음식을 선호하지 않는데 신기하게도 아이들은 잘 먹는다. 우리 집 아이들이 편식하지 않고 골고루 잘 먹게 된 데는 몇 가지 비결이 있다.

이유식 거부를 극복하기 위해 선택한 아이 주도 이유식

10개월에 온 이유식 거부로 두 아이 모두 자연스럽게 핑거푸드로 아이 주도 이유식을 시작했다. 아이 주도 이유식을 하면서 채소를 쪄서 줬는데 색깔도 알록달록하고 먹기 좋았는지 우주와 은하 모두 관심을 보였다. 채소를 으깨거나 반찬을 만들어서 주는 것보다 원재료 그대로 잘라서 주거나 쪄서 줬더니 잘 먹었다. 죽은 안 먹어도 핑거푸드는 지겨워하지 않고 잘 먹었다. 10개월부터 핑거푸드를 먹던 습관은 지금까지도 이어진다. 식사 시간에 별다른 간을 하지 않고 채소를 찌거나 볶아주면 거부감 없이 잘 먹는다. 간식으로도 당근, 오이, 파프리카 등 생야채를 주면 과자를 먹듯 맛있게 먹는다.

아이가 좋아하는 조리법 찾기

아이가 편식을 한다고 강제로 먹이거나 좋아하는 음식만 먹도록 할 수는 없다. 아이가 쌀을 먹지 않는다면 쌀을 바꿔보거나 아이가 좋아하는 재료를 더하거나 밥 짓는 방법을 바꾸는 등의 시도를 해봐야 한다. 어린아이일수록 밥의 질감에 예민하게 반응할 수 있다. 아이가 흰밥을 잘 먹지 않는다면 김에 싸서 주거나 볶음밥, 주먹밥의 형태로 줄 수도 있다. 또한 밥에 아이가 좋아하는 재료를 넣는 것도 방법이다. 우리 아이들은 돌이 지나고 쌀밥 거부가 왔는데 이때 영양밥이나 옥수수밥, 완두콩밥, 고구마밥 등을 주니 잘 먹기도 했다.

채소를 먹지 않는 경우도 마찬가지다. 먼저 다양한 채소를 제공해 주며 아이가 어떤 채소를 좋아하는지 파악해야 한다. 만약 먹을 줄 아는 채소가 전혀 없다면 조리법을 바꿔가며 채소를 제공해 주자. 채소를 먹지 않는 아이도 좋아하는 조리법이 있을 수 있다. 아이가 버섯을 좋아하지 않는다면 버섯 맛이 잘 느껴지지 않도록 잘게 썰어서 볶음밥을 만들거나 달걀옷을 입혀서 버섯전을 만들어보자. 버섯을 구워서 간장과 올리고당으로 졸인 버섯스테이크도 아이들이 좋아하는 반찬 중 하나다. 또한 버섯의 종류를 다양하게 시도해 볼 수도 있다. 새송이버섯, 팽이버섯, 표고버섯, 양송이버섯 등 다양한 버섯을 맛볼 수 있는 기회를 준다. 그래도 채소를 먹지 않으면 소고기, 돼지고기, 양파, 당근, 버섯 등을 갈아서 떡갈비로 만들어 먹이는 방법도 있다. 이처럼 아이가 특정 음식을 편식한다면 아이가 좋아하는 조리법이나 요리 스타일로 바꿔서 제공해 주면 안 먹던 음식도 잘 먹을 수 있다.

고기를 먹지 않는 아이들은 대부분 고기가 질겨서인 경우가 많다. 이유식을 할 때는 소고기 안심이나 우둔살, 닭고기의 닭가슴살이나 안심 부위로 만들지만 반찬으로 줄 때는 아이가 씹기에 질기게 느껴질 수 있다. 소고기 채끝살, 치맛살이나 닭고기의 닭다리살은 질기지 않아 고기를 안 먹던 아이들도 잘 먹을 수 있다. 돼지고기는 구워서 먹이면 질겨질 수 있으므로 삼겹살 부위로 수육을 해서 먹이면 질기지 않아서 잘 먹는다. 또한 차돌박이, 우삼겹, 대패목살과 채소를 넣어 고기찜을 만들거나 고기에 채소를 말아서 찌면 고기가 부드러워지고 채소에서 단맛이 난다. 이렇게 만들면 채소와 고기를 동시에 먹일 수 있다.

볶음밥이나 덮밥, 카레밥, 짜장밥도 있다. 채소를 아주 잘게 썰어서 오래 볶으면 식감이 잘 느껴지지 않는다. 흰밥을 거부하는 경우나 고기, 채소를 골고루 먹지 않는 아이에게는 볶음밥 형태로 주면 골고루 먹일 수 있다.

일상생활에서 자주 접하기

식판에 주면 채소를 먹지 않는 아기들도 식탁 이외의 공간에서는 채소를 먹기도 한다. 특히 엄마가 재료 손질을 할 때 아기가 알록달록한 채소에 관심을 보인다면 먹기 좋은 크기로 잘라서 줘보자. 평소에는 채소를 안 먹던 아기도 맛있게 먹을 수 있다. 우주는 내가 요리할 때 당근이나 파프리카, 오이 등을 자르고 있으면 옆에 와서 관심을 보였다. 그때 스틱 모양으로 잘라서 주니 맛있게 먹고는 또 와서 달라고 하기도 했다. 식판에 주면 잘 먹지 않던 콩나물도 반찬을 만들 때면 궁금해하며 먹어보기도 했다. 이처럼 식사 시간이 아닌 평소에 먹는 것도 편식을 극복할 수 있는 좋은 기회다. 또한 아이와 함께 음식 손질을 하며 아이를 요리에 참여시키는 것도 도움이 된다. 아기가 사용할 수 있는 안전한 아기 칼을 준비해서 아이와 함께 식재료를 잘라보고 맛도 보면서 음식에 거부감을 줄여나간다. 아이가 스스로 만든 음식은 싫어하는 재료가 들어 있더라도 먹어보려고 노력할 것이다.

가족과 함께 식사하기

아이가 자기 식판에 있는 음식보다 부모의 음식을 더 먹고 싶어 하는 모습을 본 적이 있을 것이다. 이처럼 아이는 부모를 따라 하는 경향이 있다. 그래서 부모와 같이 식사하는 것은 아이의 편식 문제를 해결하는 데 도움이 된다. 아이가 밥을 먹을 때 부모가 롤 모델이 될 수 있기 때문이다. 우주가 10개월이 됐을 때 나와 남편은 퍼스널 트레이닝을 받았다. 우리를 가르쳤던 선생님은 식단의 중요성을 강조하는 분이셨는데 퍼스널 트레이닝을 받는 6개월 동안 우리 부부는 탄수화물, 단백질, 채소, 지방을 골고루 섭취할 수 있도록 계획한 식단을 끼니마다 먹었다. 식사 시간마다 닭가슴살, 고등어, 현미밥, 당근, 양배추, 버섯, 브로콜리 등을 먹는 우리의 모습을 본 우주는 자주 우리의 음식을 먹고 싶어 했다. 덕분에 우주는 자연스럽게 건강한 식단을 접하게 됐고 건강한 식성을 갖게 됐다. 부모와 아이가 함께 식사하면 아이가 다양한 음식을 접할 기회가 많아진다. 또한 부모가 다양한 음식을 맛있게 먹는 모습을 보면서 아이는 새로운 맛과 향을 경험하고 편식을 극복할 수 있다.

영상 없이 외식하기

집에서 영상을 보며 먹지 않는 아이는 외식을 할 때도 영상 없이 밥을 먹을 수 있다. 식습관 개선 교육을 할 때 집에서뿐만 아니라 식당에서도 같은 규칙을 적용해 영상 없이 스스로 먹을 수 있도록 하면 의외로 아이들이 잘 따른다. 식당에 가면 두 돌도 안 된 아기부터 초등학생까지 영상을 보면서 밥을 먹는 모습을 흔히 볼 수 있다. 아이에게 영상을 보여주지 않으면 소란스럽게 하고 밥 먹는 데 집중하지 못한다는 이유에서 그런 경우가 대부분이다. 물론 아이가 다른 사람에게 피해가 될 만큼 시끄럽거나 돌아다닐 때 얌전히 앉아 있게 하는 것은 부모의 의무다. 하지만 아이가 소란스럽게 한다는 이유로 영상을 보여주면서 밥을 먹게 하면 당장은 식사를 평화롭게 할 수 있지만 아이에게 올바른 식사 예절을 알려줄 수는 없다. 아이에게 알려줘야 하는 것은 식당에서는 다른 사람에게 피해가 가지 않도록 식사해야 한다는 것이기 때문이다. 이런 이유로 외식할 때도 집에서와 마찬가지로 영상을 보여주며 식사하는 것을 지양해야 한다. 하지만 어린아이에게 식당에서의 식습관 예절을 알려주는 데는 시간과 노력이 많이 든다. 우주도 어렸을 때는 식당에서 영상을 보면서 밥을 먹었다. 하지만 식습관 교육을 한 이후로 외식할 때도 영상을 보여주며 식사한 적이 없다. 우주처럼 이미 영상을 보며 밥을 먹는 습관이 굳어진 아이들도 충분히 개선될 수 있다. 가장 좋은 방법은 은하처럼 처음부터 외식할 때 영상을 보여주지 않는 것이다.

핑거푸드를 준비한다

아이는 어른의 긴 식사 시간을 지루해하며 하이 체어에서 탈출하고 싶어 한다. 외식할 일이 있을 때는 아이가 스스로 먹기 좋은 크기로 핑거푸드를 준비했다. 브로콜리, 당근 등 찐 채소나 오이, 파프리카를 스틱으로 잘라서 아이가 이유식을 다 먹으면 식판에 주고 스스로 먹게 했다. 또 감자, 고구마, 달걀, 두부를 삶아서 작은 크기로 가져 가고 귤이나 포도, 블루베리처럼 손으로 잡기 쉬운 과일을 준비해 가기도 했다. 떡뻥은 몇 개 안 먹고 말던 아이도 다채로운 핑거푸드는 오랫동안 먹을 수 있다. 어른의 식사가 끝날 때까지 하이 체어에 앉아서 핑거푸드를 먹는 연습을 어릴 때부터 하면 집중력을 좀 더 지속시킬 수 있다.

식사가 나오면 자리에 앉는다

은하는 우주와 달리 아주 활동적인 아이다. 유아식을 시작한 이후로 외식할 때는 식당에서 나오는 음식을 같이 먹었는데 은하는 음식이 나오는 시간을 기다리기 힘들어했다. 그래서 식당에서 매번 소리를 지르고 의자에서 내려달라고 하고 바닥에 눕기도 했다. 음식을 주문하고 밥을 먹고 어른이 식사하는 것까지 기다리는 일이 아이에게는 아주 긴 시간일 수 있기에 은하는 남편이 밖에서 데리고 놀다가 음식이 나오면 식당에 들어왔다. 집중력이 짧은 아기들은 오랜 시간 앉아 있는 것을 힘들어한다. 아이가 어릴 때는 부모 한 명이 밖에서 아이와 놀아주다 음식이 나왔을 때 아이를 자리에 앉히는 게 큰 도움이 된다.

부모가 교대로 식사한다

어린아이일수록 밥을 오랫동안 집중해서 먹지 못한다. 허기를 채우면 금세 지겨워하며 장난을 치거나 소리를 지르고 의자에서 내려가려고 한다. 아이가 너무 소란스럽게 하는 경우에는 아이 식사가 끝나면 부모 중 한 명이 아이를 밖으로 데리고 나가서 돌보다가 다른 한 명이 다 먹으면 교대하도록 한다. 아이가 자랄수록 식사에 집중할 수 있는 시간이 길어지므로 이 시기도 금방 지나간다.

좋아하는 놀잇감을 준비한다

우리 집은 외출하기 전에 아이들이 스스로 가방을 챙긴다. 밖에서 놀다가 지루한 시간에 간단하게 가지고 놀 수 있는 장난감을 선택해서 가방에 넣는다. 우주는 주로 색종이, 색연필, 스티커북 등을 챙기고 은하는 자동차를 챙긴다. 외출 가방은 외식할 때나 카페에 놀러 갔을 때 유용하다. 음식이 나오기 전이나 다 먹은 후에 어른의 식사가 끝날 때까지 장난감을 가지고 놀면서 자리에 앉아 기다리게 했다. 음식이 나오기 전에 가지고 온 장난감을 가지고 놀면서 음식을 기다리다가 음식이 나오면 장난감을 가방에 집어넣었다. 식사할 때는 집에서와 마찬가지로 어떤 놀잇감도 없이 밥을 먹어야 한다는 것을 알려주기 위해서다. 대신 먹을 만큼 먹으면 다시 장난감을 가지고 놀며 어른 식사가 끝날 때까지 기다리도록 했다. 이제 스스로 밥을 먹는 것에 익숙해진 아이들은 우리의 식사가 끝날 때까지 자기 식사에 집중한다. 이런 노력 덕분에 우리 집은 영상이 없어도 평화롭게 외식을 할 수 있다.

남편이 없으면

힘들지만 나 혼자 제법 잘하다가도

남편이 있으면

자꾸 이것저것 시키고 싶고

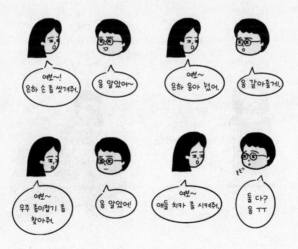

잠깐만 쉬어도

눈치 주게 되고

두 배 쉬워지는 애 둘 육아 수업

남편이 아파 방에 누워 있기라도 하면

(솔직히 한 달에 두 번은 아픈 것 같음)

마구 심통이 난다.

괜히 더 큰소리 치게 됨

둘 다 그만해! 그만하라고 했지!

으아아아!

으이이이!

애들한테 화풀이하는 중

남편이 집에 있어도 힘든 이유

아이가 한 명 있을 때나 둘이 있을 때나 늘 남편의 퇴근을 기다렸다. 남편이 오기 한 시간 전부터 시계를 계속 보며 카운트다운을 셌다. 마지막 10분이 어찌나 길게 느껴지는지 아이들과 놀아주고 또 놀아줘도 시간은 더디게만 흘러갔다. 남편이 비밀번호를 누르고 집에 들어오는 순간, 아이들보다 내가 더 기쁜 마음으로 남편을 마중나갔다.

'드디어 내 구원투수가 왔다!'

남편이 오면 아이들을 맡기고 부엌에 갔다. 하루 종일 아이들과 시간을 보내다 보면 부엌에서 요리하는 시간이 휴식 시간처럼 느껴졌다. 저녁 준비에 집중하던 것도 잠시, 아이들이 자꾸 내 옆으로 왔다. 남편은 뭘 하고 있나 보면 소파에서 졸고 있다. 새벽같이 나가서

두 배 쉬워지는 애 둘 육아 수업

일하고 왔으니 피곤하겠지 하고 이해하려 해보지만 자꾸 미운 마음이 생겼다.

'나도 하루 종일 은하 보고, 우주 하원 후에 둘이 데리고 놀이터도 다녀와서 힘든데.'

"여보 자? 애들 좀 봐줘. 나 저녁 준비하는 데 방해 돼."

남편은 미안해하며 깨어났다.

"미안. 애들아, 아빠랑 놀자. 엄마 저녁 준비해야 해."

저녁을 다 차리고 식탁에 앉아서 밥을 먹는데 우주가 자꾸 말을 걸었다. 나는 밥 먹으랴, 아이들 밥 먹는 거 도와주랴, 우주랑 얘기하랴 정신이 없는데 남편도 자꾸 내게 말을 걸었다.

"나한테 말 걸지 말고 우주랑 얘기를 해주든 은하 밥 먹는 걸 도와주든 뭐라도 좀 해줄래?" 별 일도 아닌데 괜히 짜증내게 된다.

남편이 2주간 출장을 간 적이 있다. 처음에는 정말 힘들었지만 시간이 지날수록 요령이 생겨 혼자서 아이 둘을 돌보는 일이 할 만했다. 아이 둘 보면서 저녁도 만들고, 아이 둘 밥도 먹이는 등 혼자서 모두 해냈다. 그런데 남편이 있으면 혼자서 하던 일도 의지하고 싶어진다. 하지만 내 기대와 달리 어설프기만 한 남편을 보면 답답하고 얄미운 마음이 든다.

주말이면 남편과 하루 종일 붙어서 아이들을 본다. 그런데 남편은 자주 아팠다. 감기, 장염, 배탈, 두통 등 한 달에 두 번 이상은 병원에 가서 약을 탈 정도로 아팠다. 회사에서도 옮아오고 아이들과

감기를 꼭 같이했다. 방에 들어가 누워 있는 남편을 보며 '하루 종일 애는 내가 보는데 감기는 왜 남편이 걸리는 건가'란 생각에 심통이 나 별일도 아닌데 아이들에게 큰소리를 내기도 했다. 그런데 남편이 회사 일이 바빠 주말에 출근하는 날에는 나 혼자 아이 둘을 데리고 놀이터도 가고 식당도 갔다. 혼자 있으면 뭐든 잘 해내면서 남편이 있으면 든든하다가도 마음이 힘들어진다. 정말 알 수 없는 마음이다.

**식습관
교육
QnA**

Q 7개월 아기예요. 중기 이유식을 하고 있는데 한 끼에 최대 50밀리
리터가 다예요. 어떻게 양을 늘릴 수 있을까요?

아기마다 먹는 양이 다릅니다. 중기 이유식은 보통 80밀리리터 정
도 먹어야 한다고는 하지만 꼭 그래야 하는 건 아니에요. 다른 아기
와 비교하며 초조해할 필요 없어요. 천천히 양을 늘려가도 돼요. 이
유식은 유아식을 하기 위한 준비 단계예요. 올바른 식습관 태도를
가르치고 아이의 속도를 기다려주면 자기 속도에 맞게 양을 늘려
갈 거예요.

Q 8개월 아기인데, 초기까지 잘 먹다가 중기부터 갑자기 이유식을 안
먹으려고 해요. 이유식을 한입도 안 먹으면 분유를 줘도 될까요?

우선 죽 이유식을 먹이고 있다면 토핑 이유식이나 핑거푸드로 바
꿔보세요. 다른 종류의 음식이 아이에게 신선하게 다가올 수 있어
요. 만약 이유식을 한입도 안 먹었다면 바로 분유를 보충해 주지 말
고 30분이나 1시간 뒤에 다시 이유식을 시도해 주세요. 이때 기존
에 줬던 이유식을 거부한다면 고구마나 감자, 달걀을 으깨서 물과
함께 먹이면 잘 먹을 수도 있어요. 채소도 잇몸으로 먹을 수 있을
만큼 푹 쪄서 손에 잡기 쉬운 형태로 잘라서 보관해 두면 이유식을

거부할 때 유용할 거예요.

Q **10개월 아기예요. 죽 이유식 거부가 와서 토핑 이유식으로 바꿨는데 이것도 거부해요. 채소스틱을 주면 다 던져버리고 아이 주도를 할 수 있게 해주니 먹진 않고 촉감놀이만 해요. 어떻게 하면 좋을까요?**

뭘 해도 안 먹는 시기가 있어요. 죽 이유식도, 토핑 이유식도, 핑거푸드도 먹지 않는다면 아이가 안 먹는 시기인가보다 생각해 주세요. 아니면 이앓이를 하거나 컨디션이 좋지 않을 수 있어요. 아이가 먹는 양이 적어서 걱정되겠지만 아기가 잘 먹는 음식을 찾으면서 기다려주면 다시 잘 먹게 될 수 있어요. 이때 의자에서 내려서 먹이거나 장난감을 주면서 먹이기 시작하면 앞으로 계속해서 그렇게 먹게 될 수 있으니 이것만은 조심해 주세요.

Q **11개월 아기예요. 죽 이유식을 시작하며 의자 거부가 심해져 돌아다니면서 먹이다 채소스틱을 주니 전보다 오래 앉아 있기는 해요. 꾸준히 주면 좋아질까요? 의자에 앉아 있기 싫어할 때 장난감을 주거나 돌아다니면서 먹이는데 어떻게 하면 앉아서 먹을 수 있을까요?**

죽 이유식을 하며 의자 거부가 심해진 게 아니라 '죽 이유식' 거부를 시작했거나 '스푼 피딩' 거부를 시작한 거예요. 아기를 다시 의자에 앉히기 위해서는 음식을 좋아하는 형태로 제공해 주면 돼요. 이때 절대 하지 말아야 할 것은 돌아다니면서 먹이거나 장난감을 주면서 먹이는 일이에요. 아기가 잘 먹지 않는다고 의자에서 내리게 하

　　　　　　　　　　　　　　　　　　두 배 쉬워지는 애 둘 육아 수업

거나 장난감에 집중하게 하지 마세요. 음식을 스스로 탐색할 기회를 주고 즐거운 식사를 할 수 있도록 밝은 분위기를 만들어주세요.

Q 14개월 아기예요. 이유식까지는 잘 먹었는데 유아식부터 편식이 심해졌어요. 좋아하는 음식만 먹으려고 해요. 국에 말아먹는 것, 새로운 음식, 일반적인 반찬을 거부해요. 그나마 입자를 잘게 만든 볶음밥 같은 건 먹어요. 세상에 맛있는 음식이 너무 많은데 속상하네요. 식습관을 잘못 들인 걸까요?

....

국에 말아 먹는 걸 싫어하는 아이인가 봐요. 그리고 새로운 음식을 받아들이는 데 시간이 걸리는 아이일 수 있어요. 볶음밥을 좋아하면 볶음밥을 주세요. 새우볶음밥, 닭채소볶음밥, 소고기볶음밥, 토마토달걀볶음밥 등 볶음밥은 종류가 많고 여러 가지 음식을 골고루 먹일 수 있어서 좋아요. 그리고 1년 동안 볶음밥만 찾진 않을 거예요. 나중에는 흰밥만 찾게 될지도 몰라요.

Q 25개월 아이예요. 밥을 먹다가 도중에 주스를 달라고 해요. 주스를 안 주면 밥을 안 먹겠다고 해서 밥을 치워버리면 한 시간 뒤에 배고프다고 해요. 그때 밥을 다시 줘도 될까요?

....

밥을 먹다가 중간에 주스를 먹은 적이 있나 봐요. 잘못 형성된 습관일지라도 고칠 수 있어요. 밥 먹는 도중에 주스를 달라고 해도 끝까지 주지 않으면 돼요. 이때 밥을 먹지 않겠다고 거부한다면 1시간 뒤에 밥을 또 차려주지 말고 다음 식사 때까지 기다려주세요. 다만 밥을 아예 먹지 않은 경우라면 밥을 다시 차려줘도 돼요. "밥 먹을 때는 주스 먹지 않아. 주스는 간식 시간에 먹는 거야" 하고 말해주면서 밥을 차려주세요. 두세 번 같은 방식으로 훈육하면 아이도 밥 먹을 때 주스를 찾지 않을 거예요. 그리고 주스는 되도록 사놓지 말아주세요. 집에 달콤한 간식이 많으면 아이도 유혹을 떨쳐내기 힘들어요.

Q 31개월 아이예요. 식사 시간에 늘 스스로 먹지 않고 돌아다니면서 먹어요. 그런데 어린이집에서는 자리에 앉아서 스스로 먹는다고 해요. 왜 집에서는 스스로 먹지 않고 돌아다니면서 먹으려고 할까요? 집에서도 어린이집처럼 잘 먹게 할 수 없을까요?

어린이집에서는 선생님이 일관된 태도로 아이들에게 규칙을 알려주고 친구들도 그 규칙을 따르고 있어요. 이런 환경은 아이가 제자리에 앉아서 스스로 먹을 수밖에 없는 분위기를 만들어줘요. 그런데 집에서는 아이가 밥을 잘 먹지 않는다는 이유로 먹여주고 돌아다니도록 허용해 주면 아이는 자리에 앉아서 스스로 먹으려고 하지 않아요. 자신이 밥을 잘 먹지 않는 것이 일종의 무기가 되는 셈이죠. 그렇기에 어린이집과 마찬가지로 아이가 잘 먹든, 먹지 않든, 자리에 앉아서 먹어야 한다는 것을 일관된 태도로 알려줘야 해요. 밥을 먹지 않는다고 아이를 따라다니면서 먹이지 마세요. 부모가 아이가 먹는 양에 집착할수록 아이는 밥과 멀어지고 올바른 식습관을 형성하기 어려워요. 31개월이면 스스로 먹는 연습을 본격적으로 해야 하는 시기예요. 부모님과 함께 식사하며 스스로 먹는 분위기를 만들어서 아이가 잘 먹을 수 있도록 격려해 주세요.

두 배 쉬워지는 애 둘 육아 수업

Q 32개월 아이예요. 새로운 음식을 거부해요. 좋아하는 반찬만 먹으려고 하는데 좋아하는 반찬도 연달아 올라오면 잘 먹지 않아요. 볶음밥이나 덮밥류는 입에도 안 대고 흰밥만 좋아해요. 골고루 먹게 하는 방법이 있을까요?

좋아하는 반찬만 먹으려고 하는 것은 지극히 정상이에요. 볶음밥이나 덮밥을 싫어하면 굳이 먹여야 할 필요는 없어요. 흰밥을 먹여도 돼요. 골고루 먹이고 싶은 마음은 이해하지만 골고루 잘 먹는 아이는 많지 않아요. 좋아하는 음식을 주되 영양 불균형이 생기지 않도록 아이가 먹는 식단을 관찰해 보세요. 만약 아이가 좋아하는 음식에 영양이 골고루 들어 있다면 큰 문제가 되지 않아요. 아이가 자라면서 좋아하는 반찬이 변하기도 해요. 그리고 좋아하는 반찬이라도 연달아 나오면 지겨울 수 있어요. 좋아하는 음식 안에서 끼니마다 다르게 식판을 구성해 주세요.

Q 43개월 아이예요. 저희 아이는 영상을 보여주지 않으면 돌아다니면서 먹으려고 하고 많이 먹지도 않아서 주로 영상을 보면서 밥을 먹어요. 영상을 보여주면 잘 먹는데 이런 경우에는 영상을 보여주면서 밥을 먹여도 되지 않을까요?

식습관 교육의 목표는 밥을 많이 먹는 것이 아니라 식사 시간에 가족과 대화를 나누며 음식의 맛을 느끼고 밥 먹는 시간을 즐기는 사람으로 키우는 것이에요. 밥을 잘 먹는다는 이유로 영상을 보면서 먹이면 밥을 많이 먹게 할 수는 있지만 식습관 태도나 가족과 함께 보내는 식사 시간의 참된 의미를 배우기 어려워요. 그리고 영상 없이 먹는 양이 아이의 진짜 양일 수 있어요. 평소에는 자신의 양보다 더 많이 먹고 있을 수 있어요. 식사 시간에 영상을 없애면 평소보다 먹는 양이 현저하게 줄어들 수는 있겠지만 시간이 지나면서 자신의 양만큼 먹게 될 거예요.

Q 41개월 아이예요. 밥 먹는 시간을 싫어해서 "밥 먹자"라고 말하면 울어요. 그리고 수시로 간식을 찾아요. 밥도 두세 숟갈 먹고 나면 안 먹고 싶다고 하고 배고프다면서 간식을 달라고 해요. 왜 그러는 걸까요?

아이에게 식사 시간에 대한 부정적인 정서가 형성된 경우예요. 식사 시간에 밥 먹는 것을 강요받았거나 혼나면서 억지로 먹은 경험이 많을 수 있어요. 또는 집에 간식이 많아도 식사를 거부할 수 있어요. 식습관 교육을 하는 동안에는 간식을 주지 않아도 돼요. 특히 어린이집에 다니는 아이는 어린이집에서 오전, 오후 간식을 먹고 오기 때문에 집에서는 식사만 충분히 해도 괜찮아요. 집에서는 식사 시간에 충분히 먹을 수 있도록 연습하는 게 더 중요해요. 그렇게 하기 위해서는 식사 시간을 즐거운 시간으로 만들어야 해요. 아이가 배고플 때 밥을 먹을 수 있도록 식사 시간을 조정하고 아이가 좋아하는 반찬을 만들어주세요. 그리고 식사 시간에 "똑바로 앉아", "골고루 먹어", "다 먹어야지" 같은 지시적인 말은 줄이고 밝고 유쾌한 이야기로 즐거운 분위기를 만들어주세요. 아이가 밥 먹는 것을 힘들어하면 '가위바위보 게임', '서로 먹여주기', '퀴즈 내서 맞히는 사람이 먹기' 등 놀이를 통해 밥 먹는 것을 독려해 주세요. 이런 놀

두 배 쉬워지는 애 둘 육아 수업

이로 식사 시간을 긍정적으로 인식하면 "밥 먹자"라는 소리에 1등으로 달려오는 날이 올 거예요.

Q **48개월 아이예요. 식사 시간마다 "엄마가 먹여줘" 하면서 스스로 먹기를 거부해요. 이제 스스로 먹어야 할 나이가 된 것 같은데 언제까지 먹여줘야 할까요? 어떻게 하면 스스로 먹게 할 수 있을까요?**

밥 먹을 때마다 "엄마가 먹여줘"라고 말하는 건 그동안 늘 엄마가 먹여줬기 때문이에요. 아이 스스로 먹게 하려면 엄마가 먹여주지 않으면 돼요. 대신 아이가 스스로 먹기 위해서는 몇 가지 스킬이 필요해요. 먼저 아이가 배가 고픈 상태여야 해요. 배가 고프지 않으면 밥을 먹어야겠다는 동기가 부족해요. 그래서 떠 먹여주지 않으면 밥을 먹지 않아서 부모의 애만 태울 수 있어요. 그다음 아이가 좋아할 만한 식기류를 준비해 주세요. 많이 사용해서 지겨운 것 말고 아이가 좋아하는 캐릭터나 어른 것처럼 생긴 것도 좋아요. 그리고 아이와 함께 식사하세요. 아이가 먹는 것을 옆에서 지켜보면서 언제든 먹여주겠다는 자세로 기다리는 게 아니라 무신경하게 당연하다는 듯 엄마, 아빠 밥을 먹으며 같이 식사하면 돼요. 당연히 스스로 먹는 분위기를 만들어주세요. 마지막으로 아이가 스스로 먹으면 칭찬을 통해 행동을 강화해 주세요. 만약 시도조차 하지 않는다면 놀이로 접근해 주세요. "스스로 먹어봐." 열 마디 말보다 아이 눈높이에 맞는 놀이로 접근하는 게 훨씬 효과적일 때가 많아요.

Q **50개월 아이예요. 밥을 너무 안 먹어서 밥을 먹을 때마다 간식으로**

협박을 해요. 밥 먹는 데 너무 오래 걸려서 치우겠다고 하면 울면서 밥 먹겠다고 소리를 질러요. 전쟁 같은 식사 시간을 끝내고 싶어요. 어떻게 하면 좋을까요?

식사 직후에 간식을 주는 경우 간식이 밥에 대한 보상이 될 수 있어요. 아이는 식사 이후에 나오는 간식을 먹고 싶어 밥에 집중할 수 없고 엄마는 아이가 밥을 다 먹기를 강요하게 돼요. 그래서 "밥 다 먹어야 간식 줄 거야"라고 아이에게 협박을 하게 돼요. 하지만 밥은 다 먹을 수도 있고 다 먹지 않을 수도 있어요. 아이의 상황이나 컨디션에 따라 먹는 양은 매일 달라져요. 그런데 간식이 보상의 개념이 되다 보니 아이 입장에서 밥보다 간식에 집착하게 돼요. 간식을 먹지 못하는 날에는 마치 상을 받지 못한 것 같은 기분이 들죠. 그러다 보니 간식을 먹기 위해 밥을 적게 먹기도 하고 간식을 먹을 생각에 입맛이 뚝 떨어지기도 해요. 엄마 입장에서는 '배불러서 밥도 안 먹으면서 간식을 달라는 아이'가 이해되지 않아요. 그래서 아이에게 "밥 다 안 먹었으니까 간식 먹을 수 없어"라고 말하게 돼요. 매일 이런 상황이 반복되면 아이에게 밥은 더 이상 배고플 때 먹는 맛있는 음식이 아니라 간식을 먹기 위해 억지로 먹어야 하는 음식이 되는 거예요. 이 연결 고리를 끊기 위해서는 식사 직후에 간식을 주지 않으면 돼요. 간식은 식사 시간과 간격을 두고 정해진 시간에만 주는 거예요. 이제부터는 아이에게 이렇게 말해주세요. "밥을 잘 먹어도, 잘 먹지 않아도 간식은 간식 시간에 먹는 거야. 먹을 만큼 충분히 먹고 정리하자." 그리고 아이가 밥을 다 먹지 않아도 존중해 주세요.

Q 60개월 아이예요. 식탐 자체가 없는 아이예요. 배고픔을 잘 느끼지 못하는 타입인데 오래 먹고 결국 먹여줘야 먹어요. 먹여주면 오래 걸리기는 해도 거의 다 먹긴 하는데 혼자 먹게 하면 거의 먹지 않고 돌아다니고 놀기만 해요. 과일은 먹는 게 거의 없고 간식을 다 끊어도 똑같아요. 이런 아이는 어떻게 하나요?

가장 힘든 케이스가 식탐이 없는 아이예요. 이런 아이들은 한 끼에 많이 먹지 못해요. 그러니 한 끼에 많이 먹이려고 하기보다는 간식으로 칼로리를 채워주세요. 빵이나 우유, 감자, 고구마, 달걀 등 간식도 식사 대용 간식으로 주는 게 좋아요. 그리고 식탐이 없는 아이라도 좋아하는 음식이 분명 있을 거예요. 여러 가지를 시도해 보고 아이가 잘 먹은 음식을 기록으로 남겨주세요. 칼로리 보충 음료를 섭취해 주는 것도 도움이 돼요.

PART 3

육아 난이도를 낮춰줄
극강의 수면 교육

생존 육아의
마침표

눈물 없이 듣기 힘든 아이 둘 엄마의 사연

　우주만 키울 때는 침대에서 잠들기 전까지 우주와 나누는 대화가 너무 소중했고 우주를 재우는 시간은 하루 중 제일 행복한 시간이었다. 그런데 우주가 커가면서 잠드는 데 시간이 오래 걸리기 시작했다. 1시간이 넘도록 잠들지 않는 우주를 재우기 위해 나름의 방법으로 우주의 잠을 도와줬다. 머리를 쓰다듬기도 하고, 등을 만져주기도 하고, 엉덩이를 토닥여주기도 하고, 부채질을 해주기도 했다. 도움 덕분인지 우주는 처음에는 30분 만에 잠이 들었다. 그런데 내성이 생겼는지 얼마 지나지 않아 다시 잠드는 데 오래 걸리기 시작했다. 우주는 엉덩이를 긁어주는 걸 좋아했는데 그걸 1시간 이상 하다 보면 손에 땀이 흐르고 쥐가 날 정도였다. 1시간 반이 걸려 우주를 재우고 나오면 체력이 바닥나 아무것도 할 수가 없었다. 그래도 아이가 한 명이었기에 견디지 못할 정도는 아니었다.

그런데 은하가 태어나고 나서는 상황이 달라졌다. 온전히 우주와 놀아주고 우주만 재우면 되던 시절과 달리 아이 둘을 보살펴야 했기에 체력은 늘 바닥이었다. 그런 상황에서 우주를 재우는 건 지옥에 끌려가는 느낌이었다. 아이와 나누던 사랑스러운 대화는 30분, 1시간, 2시간이 지나자 협박으로 바뀌고 나는 세상에서 가장 무서운 엄마가 됐다. 나는 화내고 소리 지르고 방에서 나가겠다고 협박했고, 우주는 울고 떼쓰다 사과하기도 했다. 하루 종일 행복하고 즐거운 하루를 보냈지만 그 끝은 항상 불행했다. 게다가 혼자 아이 둘을 보는 날에 은하를 재우러 들어가면 우주는 늘 나를 따라와 방해했다. 은하는 잠들지 못해 울고 우주는 자기를 혼자 두고 간다며 울었다. 우주에게 잠시만 기다려달라고 부탁하면 오히려 더 크게 소리를 지르고 문을 벌컥 열어 은하를 깨우기도 했다. 그런 우주를 이해해 주지 못하고 늘 나는 불같이 화를 냈다.

내가 힘든 것도 문제였지만 우주의 정서에 문제가 생기지는 않을까 걱정이 됐다. 엄마는 늘 죄인이었고 자존감은 바닥을 쳤다. 육아서를 읽으며 마음을 컨트롤하고 유튜브에서 '아이에게 화내지 않는 법'을 찾아보기도 했다. 육아 스트레스를 날려버리기 위해 주말에 자유 시간도 가지며 어떻게든 극복하려 했다. 하지만 쉽지 않았다.

나만 참으면 되는 일일까? 내가 엄마로서 자질이 부족한 건가? 나에게서 답을 찾으려고 노력했지만, 여전히 나는 우주에게 화를 내고 있었다. 아이가 잠들 때는 행복하게 잠이 들어야 한다는데 그걸 해주지 못했기에 최선을 다해 육아를 해도 늘 최악의 엄마가 됐다.

이런 상황에 수면 교육은 선택이 아니라 살기 위해 해야만 하는 것이었다. 당시 우주는 26개월, 은하는 2개월이었는데 '신생아에서 돌아기'의 수면 교육 정보는 많았지만, '두 돌이 넘은 아이'의 수면 교육 방법은 찾기 어려웠다. 아이 둘 수면 교육 방법은 더더욱 없었다. 하지만 포기하지 않고 '어떻게 하면 월령에 맞는 수면 교육을 할 수 있을까?'에 대한 고민과 시행착오 끝에 나만의 방법을 찾았다.

수면 교육으로 모든 것이 달라졌다

밤 8시가 되면 양치질을 하고 잠자리 독서를 한다. 잠자리 독서지만 책은 거실에서 읽는다. 남편과 내가 한 명씩 맡아 책을 읽어준다. 밤 9시가 되면 잠자리 독서를 끝내고 다 같이 아이들 방으로 들어간다. 한 명씩 오늘 하루 감사했던 것을 이야기하고 인사를 나눈다. 아이들 침대가 분리돼 있어 아이들 침대에 차례로 들어가 사랑의 대화를 나누는 시간을 갖는다. 스킨십을 하며 오늘 있었던 일, 하고 싶었던 이야기를 충분히 나눈 후 자장가를 불러준다. 침대에서 나와 자장가를

아이들 침실   부부 침실

두세 번 더 불러주고 방에서 나온다. 방에서 나온 뒤에는 조용히 할 일을 한다. 침대에 누워 쉬기도 하고 책을 읽거나 집안일을 하기도 한다. 아이들은 각자 침대에서 혼자만의 시간을 가진다. 때로는 둘이 장난을 칠 때도 있지만 침대가 분리돼 있어 금방 조용해진다. 둘 다 잠들고 나면 자장가와 수면등을 끄고 나온다.

　아기 때부터 수면 교육을 한 은하는 낮에도 스스로 잠들고 중간에 깨더라도 다시 잠든다. 어린이집에 가기 전인 18개월까지도 낮잠을 4시간씩 잤다. 그런 은하 덕분에 우주를 등원시킨 후 집에서 여유롭게 시간을 즐겼다. 낮잠을 재워주지 않아도 되기에 은하를 침대에 눕히고 나오는 순간부터 4시간 동안 푹 쉴 수 있었다. 지금도 은하는 주말에 혼자 낮잠을 잔다. 스스로 잠드는 수면 교육을 하기 전에는 밤에 깨서 우는 경우가 많았는데 완전히 스스로 잠들고 나서부터는 밤에 깨서 우는 경우가 거의 없다. 이앓이 때를 제외하고는 밤에 깨서 울어도 2, 3분 안에 그치고 잠이 든다. 완전히 깨서 나를 부를 때는 다시 눕혀주고 "아직 밤이야. 조금 더 자야 해" 하고 다시 안방으로 돌아오면 스스로 잠을 잔다. 우주는 예전에는 자다가 깨서 내가 옆에 없으면 찾고는 했는데 수면 독립 이후로는 자다 깨도 나를 부르지 않고 아침까지 푹 잔다.

수면 교육 이후 우리 부부는 4년 만에 부부 침실을 갖게 됐다. 침실에서 영화도 보고 책도 읽고 대화도 하고 개인 시간을 가진다. 11~12시가 돼야 육퇴를 하거나 아이들을 재우다 잠이 들었던 예전과 달리 9시면 육퇴가 가능해졌다. 아이들이 깨어 있더라도 하고 싶은 일을 조용히 할 수 있는 개인 시간이 많아졌다. 아이들을 재우는 역할은 온전히 나의 몫이었는데 수면 교육 후에는 남편과 같이 육퇴 후의 시간을 가질 수 있게 됐다. 제일 좋은 건 우주를 재우느라 화를 내지 않아도 된다는 것이다. 우주에게 화를 내고 죄책감을 느끼는 일이 없어지니 육아 스트레스가 없어지고 육아 자존감까지 올라갔다. 잠을 푹 자고 일어나니 아침이 상쾌해졌고 우주에게도 훨씬 친절하게 대할 수 있었다. 덕분에 우주와의 관계도 더 좋아지고 우주도 훨씬 밝아졌다.

수면 교육 꼭 해야 할까?

수면 교육이 필요 없는 경우

☐ 아이를 재우는 데 시간이 오래 걸리지 않는다.

☐ 아이가 잘 자고 밤에 깨는 일이 거의 없다.

☐ 아이가 잠을 늦게 자도 화가 나지 않는다.

☐ 아이를 재우는 데 시간이 오래 걸려 힘들 때도 있지만 견딜 만하다.

☐ 아이를 재우는 게 힘들지만 잠들기 전까지 아이와 함께하는 시간
이 소중하다.

☐ 수면 교육을 하다가 아이가 힘들어하면 마음이 약해져 포기할 것
같다.

수면 교육이 필요한 경우

☐ 아이를 재울 때마다 협박하고 화를 낸다.

☐ 아이를 재우는 시간이 하루 중 가장 괴롭다.

☐ 아이를 재울 때 화내는 나 자신이 너무 싫다.

☐ 아이를 재울 때 화내지 않겠다고 다짐하지만 거의 매일 화를 낸다.

☐ 아이를 재우다가 화가 나서 아이를 때린 적이 있다.

☐ 아이를 재우다가 화가 나면 이성을 잃을 때가 있다.

☐ 자주 깨는 아이 때문에 밤에 잠을 제대로 못 잔다.

☐ 아이 둘을 혼자 재우는 일이 어렵다.

수면 교육은 부모라면 한 번쯤은 하게 되는 고민이다. 나는 우주를 낳고 바로 수면 교육을 시작했지만 끝까지 유지하지 못했다. '수면 교육을 한 번 성공하는 것'과 '성공한 수면 교육을 유지하는 것' 중 더 어려운 것은 당연히 후자다. 그래서 많은 엄마가 수면 교육에 성공했음에도 결국은 아이를 재워주고, 아이와 함께 잠을 잔다. 수면 교육을 유지하는 일이 어려운 이유는 아이는 매일 성장하기 때문이다. 혼자 잠을 자다가도 어느 순간 혼자 잠드는 것을 거부한다. 통잠을 자다가도 갑자기 새벽에 깨서 울기도 한다. "자러 가자" 하면 바로 방으로 들어가던 아이가 갑자기 자기 싫다며 밤늦게까지 놀고 싶어 한다. 5분 만에 잠들던 아이가 1시간이 지나도 잠들지 못한다. 이처럼 아이의 어제와 오늘은 다른 사람이 된 것처럼 변화무쌍하다. 이렇게 아이가 변화할 때마다 부모는 '수면 교육을 할까?', 수면 교육을 포기할까?' 고민한다. 그러므로 수면 교육을 할지 말지는 아이와 부모의 상황에 따라 달라진다.

수면 교육을 하면 가장 좋은 점은 아이와 부모가 모두 잘 잘 수 있다는 것이다. 좁은 침대에서 아이와 부대끼며 쪼그리고 자던 생활을 청산할 수 있다. 또 새벽마다 엄마를 깨우는 소리에서 벗어나 안방에서 편하게 잠을 잘 수 있다. 아이의 잠 시중을 드느라 결국 아이에게 화를 내고야 마는 상황에서도 벗어날 수 있다. 하지만 아이와 같이 누워서 수다를 떨고, 아이의 숨결을 느끼며 잠을 자는 게 너무 행복한 부모라면 굳이 수면 교육을 할 필요가 없다. 또 수면 교육을 할 마음의 준비가 되지 않은 경우에도 하지 않는 게 좋다. 수면 교육을 할 때는 부모의 의지가 아주 중요하기 때문이다. 수면 교육은 필수가 아니라 선택의 문제다. 수면 교육을 하기 전에 나와 내 아이가 처한 수면 환경을 점검해 보고 수면 교육이 꼭 필요한지 고민하는 시간을 가져야 한다.

두 배 쉬워지는 애 둘 육아 수업

첫째와 둘째
수면 교육의 타이밍

누구부터 시작할까?

두 아이의 수면 교육을 해야겠다고 생각하는 시점은 대부분 둘째 돌 전, 첫째 두 돌 이후다. 이 시기에 아이 둘을 재우는 일이 가장 힘들기 때문이다. 돌 전 아기의 수면 교육은 빨리 끝나지만 두 돌이 넘은 아이의 수면 교육은 오래 걸린다.

둘째의 수면 교육은 빨리 할수록, 첫째의 수면 교육은 나중에 할수록 성공 확률이 높다. 하지만 집마다 상황이 다르니 수면 교육의 시기는 달라질 수 있다.

둘째 돌 전, 첫째 두 돌 무렵

둘째가 돌이 지나면 수면 교육을 하는 데 시간이 오래 걸린다. 그러므로 수면 교육을 해야겠다고 결정했다면 둘째 아이 먼저 수면 교육을 시작하자. 첫째가 어린이집에 간 시간을 활용해서 낮잠부터 수면 교육을 시도해 볼 수 있다.

갓난아기라면 수면 교육은 일주일 안에 성공할 수 있다. 낮잠보다 밤잠 수면 교육이 더 수월하다는 이론도 있지만 아이 둘을 키우면서 밤잠 수면 교육을 먼저 시도하는 것은 어려운 일이다. 그러므로 첫째가 없을 때 낮잠부터 수면 교육에 성공한 후에 밤잠을 시도하면 된다. 만약 밤에도 수면 교육을 할 수 있는 상황이라면 낮잠, 밤잠 모두 시도해 보자.

반면 두 돌 무렵인 첫째의 수면 교육은 어렵다. 이때부터는 수면 교육이라기보다 수면 훈육에 가깝다. 1~3주 정도 만에 대부분의 수면 문제가 해결되는 돌 전 아기와 달리 두 돌 무렵 아이의 수면 교육은 몇 달이 걸릴 수도 있다. 불가능한 것은 아니지만 엄마와 아이의 수고로움을 덜기 위해 세 돌쯤 수면 교육을 하는 것이 더 효과적이다.

둘째 돌 전, 첫째 세 돌 무렵

둘째가 돌 전이고 첫째가 세 돌이 되면 둘 다 수면 교육을 진행할 수 있다. 이 시기에는 두 아이가 잠드는 시간이 1시간 정도 차이가 난다. 그러므로 둘째를 먼저 재우고, 1시간 뒤에 첫째의 수면 교육을 진행하면 된다. 이때 둘째가 자는 방에 첫째가 자러 들어가면 둘째가 잠에서 깰 수 있다. 그러므로 첫째가 수면 교육을 하는 동안에는 둘째를 다른 방에서 재우는 것이 좋다.

첫째의 수면 교육이 어느 정도 완성될 때 둘째와 첫째의 밤잠 스케줄을 맞춰서 둘이 같이 자러 들어간다면 서로의 소리를 자장가 삼아 잘 잘 수 있다. 서로의 소리를 들으며 잠든 아이들은 소음에 예민하게 반응하지 않을 수 있다. 만약 아이 둘을 따로 재울 방이 있고, 아이를 재우는 동안 남편이 다른 아이를 봐줄 수 있다면 어느 시기이건 상관 없이 아이 둘의 수면 교육을 각각 진행하면 된다.

둘째 돌 이후, 첫째 세 돌 무렵

둘째가 돌이 지나고, 첫째가 세 돌 무렵이라면 한 방에서 동시에 수면 교육을 진행하는 방법이 효과적이다. 혼자 자는 것보다 둘이 같이 자는 것이 아이들에게 훨씬 더 안정감을 줄 수 있기 때문이다.

또한 첫째의 수면 교육이 진행됨에 따라 둘째가 첫째의 모습을 보고 배울 수도 있다. 이때 엄마는 아이들 침대의 중간 위치에 앉거나 서서 아이들이 스스로 잠들 수 있도록 적절한 개입을 하며 수면 교육을 진행하면 된다.

아이 둘 합방은 언제부터 할까?

은하가 조리원에서 집에 오던 첫날, 나는 호기롭게 은하를 안방에서 재웠다. 생후 30일도 안 된 은하는 새벽에도 3시간마다 깼고 우주는 은하가 깰 때마다 일어나서 나를 찾았다. 그날 나는 한 손에는 우주를 안고, 한 손으로는 은하에게 젖을 먹이며 밤을 새웠다. 다음 날부터 우주와 은하의 방을 분리해서 우주는 남편과 안방에서 자고, 은하는 나와 거실에서 잤다.

물론 처음부터 첫째와 둘째를 한 방에서 재우는 부모도 많다. 하지만 3~4시간마다 수유를 해야 하는 둘째의 소리 때문에 첫째가 깰까 봐 노심초사하는 것보다 따로 재우면서 편하게 수유하는 것이 더 낫다. 특히 첫째와 둘째가 같은 방에서 함께 자는 경우에는 수면 교육이 더 힘들다. 둘째 소리에 첫째가 깰까 봐 둘째의 작은 소리에도 예민하게 반응하게 되기 때문이다. 아기는 깨지 않아도 다양한 소리를 내며 잠을 자는데 그 소리에 전부 반응한다면 아기에게도 좋지 않은 잠 습관이 형성될 수 있다. 그러므로 둘째의 밤 수유가 1회 이하로 줄어들 때 첫째와 둘째의 방을 합치는 것이 좋다.

서로의 소리에 적응할 때

은하는 80일이 됐을 때 밤 수유가 거의 없어졌다. 밤 12시에서 새벽 4시에 한 번 정도 깼는데 수유할 때도, 하지 않을 때도 있었다. 은하의 밤 수유가 사라지고 다시 합방을 시도했다. 처음 합방을 하던 날, 은하는 새벽 2시에 깨서 배고프다고 울었다. 늘 조용히 자던 우주가 은하의 울음소리를 듣고 일어났지만 피곤했는지 내 옆으로 와서 다시 잠이 들었다. 다음 날도 은하는 같은 시간에 깨서 울었다. 그런데 둘째 날부터는 은하가 울어도 우주는 깨지 않고 잘 잤다.

아이들은 대부분 한밤중에 시끄러운 소리가 나도 잘 잔다. 깊은 잠에 빠지는 시간이기 때문이다. 둘째의 밤 수유가 줄어들면 보통 밤 12시에서 새벽 4시 사이에 깨서 수유하는 경우가 많다. 처음 합방을 하면 둘째의 소리에 첫째가 깰 수 있지만 적응 기간을 며칠 거치면 한밤중에 나는 소리에 무뎌진다. 이건 둘째도 마찬가지다. 첫째의 소리에 둘째가 깨는 경우도 많은데 한 방에서 잠을 자면서 서로의 소리에 적응해 나중에는 잘 깨지 않는다. 즉, 둘을 한 방에서 재우기 위해서는 적응 기간이 필요하며 이는 시간이 지나면서 해결될 수 있다.

마의 시간, 아침 5~6시

은하의 밤 수유가 완전히 사라지고 나서도 은하는 꼭 아침 5시가 되면 깨려고 움찔거렸다. 은하의 작은 움직임에도 나는 잠에서 깼는데 그건 우주도 마찬가지였다. 은하가 푹 자서 새벽 5시를 무사히 넘긴 날에는 늘 그 시간에 깨는 게 습관이 된 우주가 아침 6시에 일어나 은하와 나를 깨웠다. 마의 아침 5~6시 구간은 은하가 돌이 될 때까지 계속됐다.

어린 아이들의 알람 시간은 아침 6시다. 늦게 재워도 낮잠을 덜 재워도 빛과 소음을 차단해도, 아침 6시를 넘기기 어렵다. 아이가 어릴수록 특히 그렇다. 이 시간에는 어떤 노력을 해도 깬다. 특히 어린아이 두 명을 키운다면 아침 6시 전후로 하루가 시작된다고 생각하는 것이 마음이 편하다. 첫째 때문에 둘째가 깼다고 핀잔을 줄 필요도 없다. 첫째가 시끄럽게 하지 않아도 둘째는 아침 6시에 일어났을 것이다. 하지만 너무 절망하지 않아도 된다. 아이들이 자라면서 자연스럽게 기상 시간이 늦춰질 것이다.

분리 수면은 꼭 해야 할까?

분리 수면은 선택!

수면 교육을 할 때 분리 수면은 할 수도 있고 하지 않을 수도 있다. 만약 분리 수면을 할 환경이 갖춰져 있지 않다면 수면 교육을 하고 한 방에서 같이 자도 된다. 다만 이때 부모 침대와 아이 침대를 분리해서 서로 방해받지 않도록 하는 것이 좋다. 침대만 분리해도 수면의 질이 높아지기 때문이다.

언제 분리 수면을 할까?

아기가 너무 어릴 때는 밤중 수유도 해야 하고 아기 혼자 자는 것이 위험할 수 있기에 방은 분리하지 않는 게 좋다. 대신 침대를 분리해서 생활하다 아기가 뒤집기를 자유롭게 하고 몸을 잘 가눌 수 있을 때 방을 분리하도록 한다. 아기방에는 캠을 설치해서 항상 아기의 수면 상태를 지켜봐야 한다. 그리고 아기가 어릴 때는 이불, 베개, 인형까지도 아기에게 위험할 수 있으므로 모두 치우고 아무것도 두지 않는 것이 좋다.

분리 수면은 어떻게 시작할까?

첫째의 분리 수면은 둘째의 분리 수면보다 시간과 노력을 더 들여야 한다. 이미 부모와 한 방에서 자는 것이 익숙해진 첫째를 설득하는 일이 필요하기 때문이다.

먼저 아이가 좋아할 만한 침실 환경을 만들어준다. 좋아하는 인형, 이불은 그대로 가져오되 좋아하는 캐릭터가 그려진 새로운 베개나 인형을 선물해 준다.

처음 며칠은 아이방에서 함께 자는 게 좋다. 처음부터 혼자 자면 새벽에 깨는 일이 많아질 수 있다. 하루 이틀은 평소대로 아이 침대에서 같이 자다가 그다음부터는 아이 침대 옆에 토퍼를 깔고 잔다. 그리고 낮에도 아이 침실에서 놀면서 아이가 자기 방에 친근감을 가질 수 있도록 도와준다. 일주일 정도 지나면 토퍼를 정리하고 아이와 분리 수면을 시작한다.

육아 짬밥 6년 차에 깨달은 게 있다면

나 이루비.
유리 멘탈 육아 초보에서
애 둘 낳고 나름
육아에 대한 노하우가 쌓여
예전의 나와 같은 사람들에게
육아 고민 상담을 해주고 있음.

우는 아이를 달래는 가장 쉬운 방법은

사탕을 주는 것이지만

우는 아이를 울보로 만들지 않는 방법은

두 배 쉬워지는 애 둘 육아 수업

사탕을 주지 않는 것이다.

당장에 쉽고 편한 방법은

장기전이 되기 마련이고

당장에 어렵고 힘든 방법은

두 배 쉬워지는 애 둘 육아 수업

육아를 잘하는 사람의 비밀

우주는 FM 어린이다. 어린이집에 상담을 가서 우주의 생활을 듣다 보면 주어진 역할을 잘 해내는 우리 반 반장이 떠오른다. 반면 은하는 다르다. 규칙은 무조건 지켜야 하는 줄 아는 우주와 달리 은하는 규칙에 얽매이지 않는 자유로운 영혼이다. "하지 마"라고 하면 더하고, 자기 뜻대로 되지 않으면 드러눕는 영락없는 아들 그 자체다. 이건 아무리 바꾸려고 해도 바꾸기 힘든 아이 고유의 기질이다.

말만 들으면 은하를 키우는 것이 훨씬 힘들었을 것 같지만 사실은 그렇지 않았다. 우주는 FM 기질이지만 물러터진 내 성격 덕분에 엄마를 뜻대로 조종하는 협상의 기술을 배우게 됐다. 갖고 싶은 것이 있거나 하고 싶은 것을 하기 위해 떼를 쓸 때마다 나는 단호하게 대하지 못하고 다른 걸로 유인해 상황을 무마시켰다. 그러다 보니 떼를 써보고 안 되면 차선책을 제시하며 늘 나와 협상을 시도하려 했다.

하지만 둘째인 은하는 차선책으로 달래지 않았다. 우주를 키우며 그 방법이 육아의 어려움을 장기화시킨다는 걸 알게 됐기 때문이다. 양치나 샤워하기 싫어할 때도, 시도 때도 없이 간식을 달라고 할 때도, 놀이터에서 놀다가 안 간다고 드러누울 때도, 자러 가기 싫다고 울고불고할 때도 바위처럼 흔들리지 않았다. '기질은 어쩔 수 없는 건가, 안 되는 아이도 있는가보다' 하며 좌절감이 들 때마다 '내가 원칙을 제대로 알려주고 있는 걸까' 고민했다. 덕분에 식사 시간도, 씻는 시간도, 외출 준비도, 자는 시간도 그간의 노력을 보상받듯 은하는 완전히 다른 사람이 됐다.

자라면서 한 번도 드러눕지 않는 아이가 있는가 하면 시도 때도 없이 드러눕는 아이도 있다. 우주는 전자이고 은하는 후자였음에도 우주에게는 갈대같이 흔들리는 엄마였고 은하에게는 바위처럼 단단한 엄마였다. 내 아이가 다른 아이보다 떼가 심하고 고집이 셀수록 부모는 더 단단해져야 한다. 꾀를 내 위기를 모면하는 것보다 정공법을 사용하는 것이 오랫동안 고생하지 않을 수 있는 길이 때문이다. 생존 육아를 빨리 끝내는 최고의 방법은 바로 원칙대로 하는 것이다.

둘째의 수면 교육은
선택이 아닌 필수

둘째의 수면 교육을 꼭 해야 하는 이유

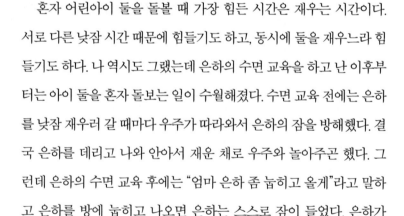

혼자 어린아이 둘을 돌볼 때 가장 힘든 시간은 재우는 시간이다. 서로 다른 낮잠 시간 때문에 힘들기도 하고, 동시에 둘을 재우느라 힘들기도 하다. 나 역시도 그랬는데 은하의 수면 교육을 하고 난 이후부터는 아이 둘을 혼자 돌보는 일이 수월해졌다. 수면 교육 전에는 은하를 낮잠 재우러 갈 때마다 우주가 따라와서 은하의 잠을 방해했다. 결국 은하를 데리고 나와 안아서 재운 채로 우주와 놀아주곤 했다. 그런데 은하의 수면 교육 후에는 "엄마 은하 좀 눕히고 올게"라고 말하고 은하를 방에 눕히고 나오면 은하는 스스로 잠이 들었다. 은하가 스스로 잠이 드니 혼자 아이 둘을 돌보는 일이 두렵지 않았다. 은하의 잠을 방해하는 우주에게 화낼 일이 없어진 것 역시 큰 변화였다.

첫째가 수면 교육이 돼 있지 않더라도 둘째는 꼭 수면 교육을 하는 것을 추천한다. 둘째의 수면 교육을 성공한 이후에 첫째의 수면 교육을 시작해도 늦지 않다. 내가 수면 교육 상담을 해준 한 엄마는 둘째 먼저 수면 교육을 해서 다른 방에 재우고 엄마는 첫째와 함께 잤다. 그러다 첫째가 40개월이 됐을 때 혼자 자는 동생을 보고 자기도 혼자 자보겠다고 먼저 제안했다. 그래서 두 아이의 방을 합치고 침대를 분리해서 첫째의 수면 교육을 진행했고 금방 성공할 수 있었다.

첫째가 수면 교육이 돼 있지 않다는 이유로 둘째의 수면 교육을 포기하지 말자. 둘째가 수면 교육이 돼 있다면 첫째의 수면 교육 기회는 언제든지 생길 수 있다. 아이 둘 육아가 고되고 지친다면 둘째의 수면 교육이 해답이 될 수 있다.

수면 교육은 끝날 때까지 끝난 게 아니다

영아기에는 수면 교육을 성공하기가 아주 쉽다. 하지만 수면 교육을 유아기까지 지속시키는 것은 수면 교육에 대한 부모의 의지와 노력 없이는 이루기 어려운 일이다. 은하는 생후 40일부터 수면 교육을 시작해서, 4개월 잠퇴행기, 6개월 쪽쪽이 셔틀, 8개월 분리불안, 10개월 이앓이, 여행 이후, 16~28개월 재접근기 등 크고 작은 이벤트가 있을 때마다 재수면 교육을 했다. '수면 교육을 했다'라는 말보다 '수면 교육을 하고 있다'라는 말이 적합할 정도로 아이가 자라면서 수많은 위기가 찾아온다. 그리고 그때마다 부모는 선택의 갈림길에 서게 된다. 재수면 교육으로 다시 아이가 스스로 잘 수 있게 할 것이냐, 수면 교육을 포기하고 아이 옆에서 재워줄 것이냐. 이 두 가지 선택지 중에서 많은 부모가 후자를 선택한다. 왜냐하면 방법을 모르기 때문이다.

수면 교육을 어떻게 시작하는지에 대한 정보는 많지만 재수면 교육을 어떻게 해야 하는지에 대한 정보는 찾기 어렵다. 그래서 아이가 가드를 넘으면 가드를 치우고, 새벽마다 깨면 방으로 데려와 재우거나 아이 방에서 같이 잠든다. 혼자 잘 자던 아이가 갑자기 울면서 쉽게 잠들지 못하면 아이를 안아서 재우면서 좋지 않은 잠 습관을 만들기도 한다. 모두 재수면 교육이 필요한 상황이다. 가드를 넘으면 가드를 치워버릴 게 아니라 가드를 높여야 하고, 새벽마다 깨서 오면 같이 자지 않고 아이를 다시 아이방에 데려가서 혼자 잘 수 있게 도와줘야 한다. 누워서 잘 못 잔다고 안아서 재울 게 아니라 다시 누워서 잘 수 있도록 연습시켜야 한다. 즉, 아이의 발달 단계에 맞는 재수면 교육을 통해 아이가 다시 잠드는 환경을 만들어주는 것이 수면 교육의 핵심이다.

두 배 쉬워지는 애 둘 육아 수업

둘째 아이 수면 교육의 성패는 바로 '안전 가드'

아기가 태어나면 어떤 침대에서 재울지 고민이 된다. 아기들은 빠른 속도로 성장하기에 아기에게 딱 맞는 침대를 구입하면 자주 바꿔야 할 수 있다. 그러므로 아이의 현재 발달 상황에 맞는 침대를 구입하기보다는 오래 쓸 수 있는 침대를 고르는 것이 현명한 선택이 될 수 있다.

일반적으로 아기가 태어나자마자 재우는 침대는 작은 아기 침대다. 바퀴가 달려 있어 쉽게 이동이 가능하고 부부 침대 바로 옆에 두기에 편하다. 한쪽 가드가 열려서 아기를 눕히고 꺼내기도 편리하다. 하지만 아기가 잡고 서는 시기가 되면 침대가 좁고 가드가 낮아져서 6개월 정도가 되면 침대를 바꿔야 한다. 아기 침대 종류에 따라 돌 혹은 그 이후까지 쓸 수 있는 아기 침대도 있다. 아기 침대를 짧게 쓰다가 바꿀 계획이 아니라면 작은 아기 침대는 사기보다는 대여를 이용하는 것이 현명하다.

아기 침대 다음으로 선택하는 침대는 범퍼 침대다. 범퍼 침대는 낮은 가드와 높은 가드가 있는데 낮은 가드는 아기가 잡고 서면 쉽게 타고 넘을 수 있어 수면 교육에는 부적합하다. 가드 높이가 50~60센티미터는 돼야 두 돌 이후에도 사용할 수 있다. 가드는 높으면 높을수록 좋다. 그리고 범퍼 침대 중에서 가드가 부드러운 재질로 된 침대는 아기의 힘으로 밀어낼 수 있어 딱딱한 가드가 더 안전하다. 만약 아기가 가드를 넘게 된다면 수면 교육을 유지하기 어려워진다.

아기가 네다섯 살이 되면 선택하는 침대가 바로 데이베드다. 데이베드 역시 낮은 가드가 있고 높은 가드가 있다. 만약 36개월 이후에 데이베드를 구입한다면 낮은 가드를 사도 상관없지만 그전에 데이베드에서 재울 예정이라면 높이 50~60센티미터 이상의 높은 가드가 있는 데이베드를 구입해야 한다(매트리스 대신 토퍼를 깔면 가드가 더 높아져 안전하다). 아니면 안전가드를 침대에 설치하는 방법도 있다.

수면 교육 상담을 하다 보면 아기가 어릴 때는 스스로 잘 잤는데 안전가드를 넘게 되면서 수면 교육을 포기하게 됐다는 이야기를 자주 듣는다. 돌 전에는 가드를 넘으려 하지 않던 아기도 자라면서 혼자 잠드는 것을 거부하고 가드를 넘기 때문이다. 30개월 전에는 인지 발달 및 자기 조절 능력이 발달하지 않아서 "이제 잘 시간이야. 침대에서 나오지 말고 누워서 자야 해"라는 부모의 말을 이행하기 어렵다. 그러나 아기가 세 돌 가까이 되면 가드 없이도 훈육을 통해 침대에서 나오지 않을 수 있다. 그러므로 아기가 적어도 30개월이 되기 전까지는 수면 교육을 할 때 안전가드가 꼭 필요하다. 만약 안전가드를 설치할 수 없는 환경이라면 안전문이 안전가드 역할을 대신할 수도 있다.

두 배 쉬워지는 애 둘 육아 수업

등 센서를 없애는 유일한 방법

"안아줘야만 잠들고 눕히면 바로 깨요."

이런 고민이 있다면 정답은 하나다. 처음부터 눕혀서 재우면 된다. 처음부터 눕혀서 재우면 등 센서가 작동하지 않는다. 아기가 안았을 때는 잘 자다가 눕히자마자 깨는 이유는 잠들 때와 환경이 달라서다. 엄마 품에서 편안하고 아늑하게 자던 아기를 침대에 눕히는 순간 환경의 변화에 민감하게 반응하는 것이다. 주변 환경과 자극에 예민한 아기일수록 등 센서가 작동하는 경우가 많다. 그러므로 예민한 아기라면 더욱 눕혀서 재워야 잘 잔다.

상담 케이스 중에 아기를 재울 때는 짐볼을 태워서 재워야 하고 낮잠을 자는 내내 아기를 안고 있어야 하는 엄마가 있었다. 아기를 하루 종일 안고 있어서 어깨와 허리 통증 때문에 한의원 치료를 다니고 있다고 했다. 처음부터 누워서 잘 수 있도록 수면 교육 상담을 해준 이후로 그 엄마는 2시간씩 두 번, 총 4시간의 자유 시간을 얻었다. "이렇게 잘 자는 아기를 제가 오히려 못 자게 방해했던 것 같아 미안해요"라며 고마움을 전했다. 안아서 재워야 잘 잔다는 것은 부모의 착각이다. 처음부터 누워서 자면 더 잘 잔다.

생후 2~3개월, 잠 습관이 없는 아기의 수면 교육

> ## 준비물: 속싸개, 백색소음(자장가), 암막 커튼, 수면 캠

속싸개

생후 2개월에 수면 교육을 단번에 성공한 비결은 바로 속싸개(스와들)에 있다. 많은 부모가 아기가 답답해한다는 이유로 속싸개를 빨리 풀어준다. 그런데 아직 모로반사가 심한 아기는 속싸개에 싸여 있어야 안정적으로 잠을 잘 수 있다. 부모가 보기에는 답답해 보일지 몰라도 이 시기의 아기는 속싸개 안이 편하다. 적어도 100일이 될 때까지 잘 때만큼은 속싸개를 하고 재워야 한다. 속싸개를 하면 편안하게 잠들 수 있을 뿐만 아니라 자다가 모로반사 때문에 깨는 일도 현저하게 줄어든다. 아기가 밤에 1시간마다 깬다고 고민을 토로하는 부모에게 가장 먼저 '속싸개를 하는지' 물어본다. 그럼 대부분은 아기가 답답해해서 집에 올 때부터 속싸개를 풀어줬다고 대답한다. 이 경우에 속싸개를 다시 해주는 것만으로 수면 문제가 개선되기도 한다. 만약 아기가 속싸개를 계속 풀어버린다면 좁쌀 이불이나 스와들을 이용해 모로반사를 방지해야 스스로 잘 잘 수 있다. 아기가 100일까지는 노는 시간에는 속싸개를 풀어주더라도 잘 때는 속싸개를 해야 잘 잔다. 아기가 속싸개를 하고 잘 잔다면 뒤집기 전까지 해주는 게 숙면에 도움이 된다. 속싸개를 졸업할 때는 한 팔

씩 빼가며 점차 적응할 수 있게 해준다.

백색소음 또는 자장가

백색소음은 아기가 엄마의 자궁 속에서 들었던 소리로 이 소리를 들으면 아기의 울음이 진정되는 효과가 있다. 또한 수면 의식으로 백색소음을 틀면 아기는 자야 하는 시간이라는 것을 인지할 수 있다. 백색소음이 잠 연관으로 작용해 아기에게 졸음을 유발하는 것이다. 백색소음을 틀 때는 아기의 청력을 위해 침대에서 멀리 떨어진 곳에 틀어놓아야 한다. 그리고 낮잠을 오래 자는 아기의 경우에는 잠이 들면 소리를 작게 낮추거나 끄는 것이 좋다.

암막 커튼

낮이든 밤이든 어둡게 재우는 것이 질 좋은 수면을 위해 필요하다. 아기는 빛과 소리에 예민하게 반응하기 때문에 암막 커튼으로 자는 동안 빛을 차단해야 한다. 낮에도 거실에서 재우지 말고 꼭 암막 커튼이 있는 어두운 방에서 재워야 깨지 않고 푹 잘 수 있다.

수면 캠

수면 캠은 아기가 혼자 방에서 자는 경우에 필수적인 아이템이다. 수면 교육을 진행하는 동안 아기의 상태를 관찰할 수 있고, 낮잠이나 밤잠을 자는 동안에도 안전사고를 예방하기 위해 꼭 필요하다. 아기가 잘 보이는 위치에 수면 캠을 설치해서 아기의 수면 상태를 늘 관찰하도록 한다.

수면 교육 방법

갓난아기 때는 잠 습관이 형성되지 않았기 때문에 수면 교육을 성공하기가 쉽다. 아기가 '먹놀잠'을 시작했을 때 수면 교육을 하면 일주일을 넘기지 않고 등을 대고 스스로 잠들 수 있다. 이때 수면 교육의 신호는 '먹놀잠'이다. 보통 40~50일이 되면 아기가 먹놀잠을 시작한다. 먹놀잠은 충분히 수유하고, 충분히 놀고, 충분히 잠을 자는 것이다. 먹놀잠을 위해서는 아기가 먹다가 잠들지 않아야 한다. 신생아 때는 먹다가 자거나 먹고 나서 바로 자는 '먹잠'을 한다. 그런데 아기가 수유하고 나서도 자지 않고 눈을 멀뚱멀뚱 뜨고 논다면 수면 교육을 시작하면 된다. 만약 아기가 이 시기가 한참 지나서도 먹놀잠을 하지 않는다면 수유하면서 잠들지 않도록 환경을 만들어줘야 한다. 2~3개월에 할 수 있는 수면 교육 방법은 다음과 같다.

ㄱ. 아기가 먹다가 졸지 않도록 깨워가며 충분히 먹인다. 아기가 졸면 수유를 멈추고 잠시 내려놓는다.

ㄴ. 수유를 끝내고 충분히 노는 시간을 갖게 한다. 노는 중간에 트림

을 시켜준다.

ㄷ. 놀기 시작한 지 30분에서 1시간쯤 됐을 때 아기가 졸린 신호(눈 비비기, 귀 만지기, 하품하기, 멍때리기 등)를 보내면 조용하고 어두운 방으로 데려가서 기저귀를 갈고 속싸개를 싸준다.

ㄹ. 자장가나 백색소음을 틀고 쉬닥법(214쪽)으로 아기를 재운다.

ㅁ. 두세 번 누워서 잠드는 데 성공하면 아기가 잠들기 전에 쉬닥법을 소거하고 스스로 잠들게 한다.

ㅂ. 두세 번 성공하면 아기를 눕히고 수면 의식 후 방에서 나온다.

먹

먼저 아기가 충분히 먹어야 한다. 충분히 먹지 못하고 잠들면 얼마 못 가 깨서 밥을 달라고 운다. 그러므로 깨워가며 충분히 먹여야 한다. 만약 아기가 먹다가 잠이 든다면 수유를 멈추고 아기를 잠시 바닥에 내려놓는다. 엄마 품에서 수유하던 아기는 허전함을 느끼고 깨게 된다. 아기가 깨지 않을 때는 기저귀를 갈아주면 잘 깬다. 배가 충분히 차도록 먹여야 잘 놀고 잘 잔다.

놀

수유를 마치고 바로 재우지 말고 30분에서 1시간 정도 깨어 있어야 한다. 그리고 노는 시간에 충분히 트림을 시켜준다. 특히 분유를 먹는 아기들은 모유를 먹는 아기들보다 토를 더 잘하는데 트림을 하지 않고 누우면 분유가 역류해서 자다가 토하는 경우가 많다. 트림을 하지 않는다면 조금 깨어 있는 시간이 도움이 된다.

아기가 놀 때는 잘 관찰해서 아기가 졸린 신호를 어떤 식으로 보내는지 알아차리는 게 중요하다. 주로 눈을 비비거나 귀나 얼굴을 만지기, 하품하기, 움직임이 줄어들고 멍하게 있기 등의 행동을 한다. 만약 신호를 보내지 않는 아기라면 깨어 있는 시간으로 낮잠 시간을 정해볼 수 있다. 얼마나 놀다가 졸려 하는지 매일 관찰하다 보면 아기가 제일 졸린 시간을 알 수 있다. 아기가 보내는 신호를 놓쳐서 짜증을 내고 울기 시작하면 잠투정이 심해질 수 있다. 잠투정하는 시간에는 스스로 잠들기 어렵다.

잠

아기가 약간 졸린 모습을 보이면 조용하고 어두운 방으로 데려간다. 속싸개로 아기를 싸고 자장가나 백색소음을 튼다. 아기가 울면 쉬닥법(아닥법), 안눕법을 활용해 아기를 진정시킨다.

ㄱ. 쉬닥법(아닥법): 쉬닥법은 아기를 재울 때 아기의 엉덩이나 등을 토닥이며 "쉬~" 소리를 내는 방법이다. 아기를 토닥일 때 아기가 우는 상태라면 손에 약간의 힘을 주고 토닥여야 한다. "쉬~" 소리로 아기가 진정되지 않을 때는 "아~" 소리를 내는데, 아기의 울음소리를 압도할 만큼 큰 소리를 쉬지 않고 내는 게 핵심이다. 아닥

법으로 아기를 진정시킨 후 "쉬~" 소리로 바꿔준다. 쉬닥법은 수면 교육을 처음 시작할 때 사용하는 방법으로 아기가 스스로 잠드는 법을 알려주지는 못한다. 수면 교육을 진행하면서 쉬닥법을 점차 소거해 아기가 스스로 잠들 수 있도록 도와줘야 한다.

ㄴ. 안눕법: 안눕법은 쉬닥법으로 아기를 진정시킬 수 없을 때 사용하는 방법이다. 우는 아기를 안아주다가 울음을 그치면 잠들기 전에 다시 내려놓는다. 그 이후에 다시 쉬닥법을 시도해 본다. 안눕법을 했을 때 아기가 달래지지 않고 몸을 뻗댄다면 안아주지 않는 게 좋다. 잠투정을 할 때는 안아줘도 아기는 엄마의 품을 거부한다. 아기를 내려놓고 스스로 진정할 수 있을 때까지 "아~" 소리를 내며 지켜본다. 이때 아기를 안아서 흔들어 재운다면 스스로 잠드는 법을 배우지 못하고 엄마의 품에서 자는 잠 연관이 생길 수 있다.

처음 수면 교육을 시작한 날에는 아기가 침대에 등을 대고 자는 것을 목표로 한다. 즉, 수면 의식 후에 아기를 침대에 눕히고 아기가 잠들 때까지 쉬닥법을 이용해(아기가 울음을 그치지 않으면 안눕법) 재운다. 낮잠, 밤잠 관계 없이 두세 번 성공하면 앞의 방법과 동일하게 하되, 아기가 울음을 그치면 쉬닥법을 소거해 엄마의 개입 없이 스스로 잠들 수 있도록 한다. 이때 아기가 울면 다시 쉬닥법을 해서 진정시키고 다시 쉬닥법을 소거하는 것을 반복한다. 이 방법 역시 두세 번 성공하면 아기를 눕히고 수면 의식 후 방에서 나온다. 이 때 토닥임 없이 입으로 "쉬~" 소리를 내면서 나온다. 방 밖에서도 수면 캠을 보며 1~2분 정도 "쉬~" 소리를 내준다. 방에서 나갔을 때 아기가 다시 울면 들어가서 쉬닥법으로 진정시키고 다시 나오는 것을 반복한다. 모든 단계에서 "쉬~" 소리만으로 아기가 쉽게 진정하지 못하면 "아~" 소리를 아주 크게 내준다. "아~" 소리를 낼 때는 소리가 끊기지 않도록 오랫동안 내야 한다. 쉬닥법(아닥법)으로 아기가 달래지지 않는 경우에는 안눕법을 사용하지만 안눕법은 아기에게 과한 자극을 줄 수 있으므로 되도록 쉬닥법(아닥법)을 이용해 재우도록 한다.

이미 잠 습관이 생긴 둘째 아이 수면 교육

이미 잠 습관이 생긴 경우에는 굳어진 잠 습관을 소거하면서 수면 교육을 해야 하기 때문에 생후 2개월 수면 교육보다 시간이 더 걸린다. 또한 개월 수가 높아질수록 잠 습관을 소거하는 것이 어려워 수면 교육에 더 많은 노력이 든다. 그러므로 2주에서 1달 정도 시간을 두고 점진적으로 수면 교육을 진행해 나가야 한다. 준비물은 앞에서 설명한 것과 크게 다르지 않다. 속싸개는 뒤집기를 하기 시작하면 빼준다. 아기가 잡고 서서 가드를 넘으려고 하기 전에 하이가드를 꼭 설치해 준다. 가드는 사면이 모두 막혀 있어야 한다.

1단계: 누워서 재우기

누워서 잠들지 않는 아이라면 먼저 침대에 등을 대고 누워서 자는 연습부터 시작한다. 수유를 충분히 한 후 졸려 할 때 방에 데리고와 수면 의식을 한다. 바로 재우려고 하지 말고 아기와 침대에 누워서 스킨십을 나눈다. 특히 방에 데리고 오자마자 우는 아기라면 수면 의식을 길게 갖는다. 아기에게 "오늘부터 침대에 누워서 잘 거야. 엄마가 도와줄게"라고 말하고 아기를 눕히고 쉬닥법(아닥법)으로 재운다. 이때 아기가 빨리 잠들지 않더라도 조급해하지 말고 기다려야 한다. 평소보다 잠드는 데 오래 걸린다는 이유로 다시 안아서 재우지 않는다. 처음에는 익숙하지 않아서 오래 걸릴 수 있지만 적응하면 원래의 잠 패턴으로 돌아온다. 아기가 너무 운다면 안눕법을 활용하는데 아기가 진정하면 다시 침대에 누워서 잠들 수 있도록 해야 한다. 만약 아기를 안아서 달래도 진정되지 않는다면 잠이 너무 오는 경우이므로 아기를 안지 말고 지켜보는 게 좋다. 엄마가 안아줘도 아기를 진정시키는 데 도움되지 않을 뿐만 아니라 더 강하게 흔들어 진정할 경우 '안아서 흔들기'라는 더 강한 잠 연관이 생길 수도 있다. 마지막에 잠드는 순간만큼은 스스로 누워서 잠들 수 있도록 아기에게 기회를 줘야 한다.

2단계: 아기가 잠들 때쯤 방 밖으로 나오기

엄마가 아기를 거의 재워주되 잠이 들 때쯤 엄마 없이 잠드는 경험을 가지는 데 초점을 둔다. 처음 시작은 쉬닥법이나 아닥법을 이용해 아기를 진정시키고 잠들기 직전에 방에서 나온다. 방에서 아기가 울면 조금 기다렸다가 심하게 울 때 들어가서 다시 진정시킨다. 이때 핵심은 아기가 잠들기 전에 방 밖으로 나오는 것이다. 엄마가 나가면 아기는 다시 울기 시작한다. 문 밖에서 조금 기다렸다가 심하게 울면 다시 들어가 진정시켜 준다. 그러다 아기가 잠들락 말락 할 때 나온다. 나올 때 "쉬~" 소리를 내거나 자장가를 불러주면서 나온다. 방문 밖에서도 1~2분 정도 소리를 내준다. 아기가 엄마 없이 스스로 잠들면 성공이다. 일주일 안에 잠드는 시간이 점차 짧아진다. 만약 며칠이 지나도 강하게 울면 아기가 잠들락 말락 할 때 방 밖으로 나가지 말고 침대 밖으로 나가도록 한다. 최대한 침대 밖에서 아기를 달래주며 잠들 때까지 방 안에 머물러준다. 며칠 반복하며 아기가 잠드는 시간이 줄어들면 아기가 잠들락 말락 할 때 방 밖으로 나간다.

3단계: 아기가 누워서 안정을 찾으면 나오기

2단계를 2~3일 정도 하다 보면 아기가 잠드는 시간이 줄어든다. 그럼 아기를 눕힌 후 안정되면 바로 나온다. 엄마가 나가면 아기가 또 울 수 있는데 이때 바로 들어가지 말고 기다린다. 울음이 사그라지면서 잠드는 아기도 있고 더 심하게 우는 아기도 있다. 만약 심하게 울면 들어가서 진정시키고 조금 있다가 나온다. 앞의 단계와 마찬가지로 이 과정을 여러 번 반복하다 보면 스스로 잠들게 된다. 그런데 엄마가 방에 들어가서 아기를 달래도 진정되지 않는다면 잠투정이 심해진 경우이므로 엄마의 도움이 오히려 강한 자극으로 느껴질 수 있다. 이때는 방 밖으로 나가 아기가 혼자 잠들 때까지 지켜본다.

4단계: 아기를 눕히고 나오기

4단계가 되면 수면 의식을 짧게 해주고 바로 나오면 된다. 며칠 동안 수면 교육을 진행했기 때문에 아기도 엄마도 어느 정도 수면 교육에 적응된 상태다. 그래서 아기가 조금 울더라도 개입하지 않고 기다리면 스스로 잠들 수 있다. 아기를 눕히고 나올 때 엄마가 입으로 내주던 소리("쉬~" 등)를 하면서 나가는 것이 좋다. 날이 지날수록 잠드는 데 걸리는 시간이 30분에서 10분 이내로 점차 줄어든다.

재수면 교육이 필요한 시기

뒤집기

아기가 뒤집기를 시작하면 수면 교육에 위기가 찾아온다. 이 시기에는 눕히고 나오면 잘 자던 아기도 몸을 뒤집어 엄마를 찾으며 울게 된다. 잠드는 시간에 뒤집기를 하느라 잠들기 어려워한다면 아기를 눕히고 바로 나오지 말고 아기가 충분히 졸린 상태가 됐을 때 나오도록 한다. 아기의 가슴에 손을 살짝 올려주면 아기가 안정감을 느끼고 뒤집기를 하지 않는다.

아기가 잠들지 않았지만 충분히 졸린 상태가 되면 아기에게 잘자라는 인사를 하고 나온다. 방 밖으로 나와서 수면 캠으로 지켜보다 아기가 뒤집으면 들어가서 원래대로 눕히고 수면 의식을 길게 해준다. 수면 의식을 길게 해주면 아기가 졸린 상태가 되므로 잘 뒤집지 않는다. 2~3개월 뒤에는 아기가 침대 위에서 굴러다니면서 자게 된다. 이때부터 부모가 개입하지 않고 아기를 자유롭게 두면 스스로 굴러다니다가 잠이 든다.

아기마다 다르지만 보통 6~8개월경에 분리불안이 시작된다. 분리불안 시기에는 낮에도 엄마가 보이지 않으면 울면서 엄마를 찾는다. 잠을 잘 때 역시 혼자 잘 자던 아기도 엄마가 방을 나가자마자 울음을 보이며 엄마를 찾는다. 분리불안 시기에는 재수면 교육뿐만 아니라 낮에도 아기가 대상영속성을 배울 수 있는 놀이를 꾸준히 해줘야 한다. 까꿍 놀이나 숨바꼭질 놀이가 대표적이다. 아기와 잠시 떨어질 때는 "엄마 잠시 화장실 갔다가 올게" 하고 돌아오면 "엄마 화장실 갔다 왔어"라고 말해 엄마가 영원히 사라지는 것이 아니라는 것을 알려준다.

재수면 교육을 할 때는 수면 의식을 평소보다 훨씬 길게 해야 한다. 자는 시간이 되기 10~15분 전에 침대에 가서 함께 놀며 침실에서 많은 시간을 보낼 수 있게 해준다. 또한 수면 의식 후에도 아기가 졸려 할 때까지 옆에 있으면 엄마가 방에서 나가도 큰 저항 없이 스르륵 잠이 든다. 만약 엄마가 나갔을 때 일어서서 엄마를 부른다면 1분, 3분, 5분 시간을 늘려가며 아기를 달래준다. 여러 번 반복하다 보면 아기가 너무 졸려서 칭얼대다 잠이 든다.

아기는 새로운 행동 능력을 배울 때마다 쉬지 않고 그 행동을 반복하려 한다. 다시 눕고, 뒤집고, 앉고, 서고, 걷고 등의 행동은 놀이 시간뿐만 아니라 자기 전 침대 위에서도 계속 반복한다. 만약 아기가 울지 않는다면 개입하지 않고 잡고 서는 것을 내버려두는 것이 좋다. 잡고 서는 행동이 지겨워지면 스스로 누워서 자게 되기 때문이다. 그런데 잡고 서서 노는 시간이 30분 이상 지속된다면 개입하는 것이 좋다. 다음 수유 시간과 낮잠 시간에 영향을 줄 수 있기 때문이다. 방으로 들어가서 서서 노는 아기를 다시 눕히며 수면 의식을 짧게 해주고 나온다. 이렇게 했음에도 눕지 않고 계속 논다면 아직 에너지가 남아 있어서 잠이 오지 않는 경우이다. 그러므로 아기를 데리고 나와 30분 정도 놀게 하고 다시 방에 들어가 눕히면 서서 놀지 않고 잘 수 있다. 아기가 잡고 서서 울며 엄마를 부른다면 잡고 설 줄 알게 돼서라기보다는 분리불안 때문이라고 볼 수 있다. 그런 경우에는 재수면 교육이 필요하다.

재접근기

아기가 16개월에서 24개월이 되면 재접근기가 찾아온다. 재수면 교육 중 가장 오래 걸리는 시기가 바로 재접근기다. 이 시기에는 제2의 분리불안처럼 엄마 껌딱지가 심해진다. 또한 자러 방에 들어가는 것부터 거부하고 자러 들어가서도 계속 엄마를 찾는 모습을 보인다. 아빠와 수면 의식을 잘하던 아이도 이 시기에는 엄마만 찾는 모습을 보이기도 한다. 은하의 경우 16개월부터 자러 들어가는 것을 거부하더니 28개월이 될 때까지 혼자 자기 싫어 계속 나를 불렀다. 하지만 이 시기를 지나고 난 지금은 다시 혼자 잘 잔다.

이때 가장 중요한 것은 기본 원칙을 깨지 않는 것이다. 수면 교육의 기본 원칙은 '아이가 스스로 잠들 수 있게 하는 것' 그리고 '아이를 부모 침대로 데려오지 않는 것'이다. 아이가 엄마를 애타게 찾는다고 해서 같이 자게 된다면 앞으로도 아이가 잠들 때까지 옆에 있어야 할지도 모른다. 이를 방지하기 위해서 재접근기에는 수면 의식을 평소보다 길게 해준다. 침대에서 아이와 애정 표현을 나누며 아이의 정서적인 만족감을 충족시켜 주는 것이 도움이 된다. 수면 의식을 길게 해주면 아이가 졸린 상태가 돼 엄마를 찾지 않고 편안하게 잠든다. 만약 수면 의식 후 엄마가 방문 밖으로 나갔을 때 아이가 울면서 엄마를 애타게 찾는다면 아이를 내버려두지 않는 것이 좋다. **아이를 울리기보다는 방으로 들어가서 안심시켜야 한다.** 엄마를 찾는 아이에게 엄마 목소리를 들려주며 방에 좀 더 머무른다. 방 안에서 자장가를 불러주다가 방문 밖으로 나와서도 자장가를 불러주는 것이 도움이 될 수 있다.

이때 주의할 점은 아이가 잠들기 전에 방 밖으로 나와야 한다는 것이다. 이 시기에는 수면 교육을 잘하던 집도 아이가 엄마를 애타게 찾는다는 이유로 다시 아이 옆에서 자게 되는 경우가 많다. 물론 재접근기 수면 교육이 어려운 것은 맞지만 아이가 스스로 잠드는 연습을 꾸준히 시켜준다면 다시 혼자 자는 것에 적응하게 된다. 또한 낮에도 아이와 밀도 높은 놀이 시간을 갖도록 노력해야 한다. 특히 동생이 있는 경우에 첫째의 재접근기가 더 오래 갈 수 있다. 짧더라도 첫째에게 온전히 집중하는 시간을 가져서 엄마로부터 정서적 만족감을 얻을 수 있게 해야 재접근기가 오래 지속되지 않는다.

전업주부 6년 차.
아이 둘 엄마.

**전업주부로 산다는 건
이점이 많아요.**

**아이를 기관에
일찍 맡기지 않아도 되고**

아이가 아파도 남의 손에 맡기고
출근하지 않아도 돼요.

하루 종일 지지고 볶더라도
엄마와의 관계에서 오는 아이의 정서적 안정감은
말로 표현할 수 없을 정도로 크겠죠.

하지만 전업주부의 삶에는
말하지 못할 고달픔이 있어요.

일을 하지 않는다는 이유로 피곤해도
당당하게 쉴 수 없고

아파도 맘 편히 아프기 어려워요.

**육아가 본업이기에 저의 고단함은
늘 2순위로 밀려나게 되네요.**

두 배 쉬워지는 애 둘 육아 수업

쉬지 않고 일하고 있지만
일하지 않는 사람이라 불리는 건
전업주부의 숙명일까요.

전업주부로 산다는 건

남편은 이번 주 내내 야근을 하더니 오늘은 회식이다. 남편과 말한마디 제대로 해보지 못한 날들이 반복되니 고단함을 하소연하고 싶어도 기회가 없다. 일주일 내내 아이들을 혼자 돌보고 금요일이 되자 내 체력도 바닥이 났다. 하지만 토요일인 내일도 남편은 친구 결혼식이 있어 아침부터 ktx를 타고 서울에 갔다가 저녁이 돼야 돌아온다. 주말까지도 아이들과 고군분투할 생각에 머리가 지끈거렸다. 오늘따라 자러 들어가서도 계속 말을 거는 아이들에게 대답해주다 나중에는 엄마 좀 봐달라고 부탁했다.

"엄마가 오늘 너무 피곤해. 할 말 있으면 내일 아침에 얘기하자. 밤 9시 이후에는 엄마도 쉬어야 해. 너희들이 자러 들어가고 나서는 엄마 시간이니 엄마 그만 부르고 어서 자."

두 배 쉬워지는 애 둘 육아 수업

혼자 아이들을 돌보는 날에는 유독 짜증이 많아진다. 그래도 화를 내지 않고 이 정도로 넘어가서 다행이다.

전업주부로 산다는 건 이점이 많은 일이다. 아이들을 남에게 맡기지 않아도 되고, 아이들이 아파도 걱정 없이 가정 보육을 할 수 있다. 하루 종일 지지고 볶더라도 엄마와 시간을 보낸다는 것이 아이들에게 주는 정서적인 안정감은 말로 표현할 수 없을 정도로 클 것이다. 하지만 전업주부의 삶에는 말하지 못하는 고달픔이 있다. 몸이 고단한 날이면 남편에게 집안일을 부탁하겠다고 마음먹었다가도 퇴근 후에 피곤해하는 남편을 보고는 그러지 못한 적이 많다. 또 남편이 아픈 날에는 휴가를 쓰고 방에 들어가 쉬는 게 당연하지만 내가 아픈 날에는 쓸 휴가가 없다. 남편이 휴가를 쓰고 아이들을 돌보겠다고 말해도 괜히 미안해서 꾹 참고 괜찮다며 거절한 적도 많다. 내가 일을 했더라면 좀 더 당당하게 피곤함을 어필할 수 있었을 테고, 당당하게 아플 수 있었을 텐데, 육아가 본업이라는 이유로, 일을 하지 않는다는 이유로, 나의 고단함은 늘 2순위로 밀려나게 됐다. 전업주부로 산다는 건, 쉬지 않고 일을 하고 있지만 일하지 않는 사람이 되는 일인 것 같다.

우주를 임신했을 때 남편은 늘 나를 위해 딸기를 사 왔다. 깨끗하게 씻어서 꼭지 부분을 잘라내고 예쁜 그릇에 한가득 담으면 초콜릿보다 달콤한 맛이 났다. 그런데 우주와 은하를 낳고 엄마로 6년을 살면서 내 입에 들어갈 딸기가 아까워 차마 입에 넣지 못한 적이 많다. 우주와 은하는 내가 자기들만큼이나 딸기를 좋아한다는 사실을 알까? 내가 어렸을 적에 우리 엄마에게 밤이 딱 그랬다. 손이 다 까지도록 나를 위해 밤껍질을 까주던 엄마는 본인 입에는 한 알도 넣지 않고 늘 나를 위해 밤을 남겨두셨다. 20대가 되고 나서 부모님과 갈비찜을 먹으러 간 적이 있다. 갈비찜에 있는 밤을 맛있게 먹는 엄마를 보며, 아빠가 "당신도 밤 좋아하나 봐?"라고 하니 엄마는 "나도 밤 좋아해"라고 하셨다. 그날 처음으로 엄마도 밤을 좋아한다는 사실을 알게 됐다. 엄마가 된다는 건 나의 만족보다는 아이들의 만족을 위한 삶에 익숙해지는 일이다.

36개월 전후 첫째 아이의 수면 독립

나는 매일 밤 첫째와 멀어졌다

앞에서도 말했지만 아이와 함께 자는 데 아무런 문제가 없다면 수면 교육을 할 필요가 없다. 하지만 아이가 자주 깨거나 잠드는 데 오래 걸려서 아이를 재우는 데 고통스러운 시간을 겪고 있다면 수면 교육을 시도할 필요가 있다. 아이가 세 돌에 가까워지면 잠드는 시간이 길어진다. 잠드는 시간을 줄이기 위해 부모는 가능한 한 모든 시도를 하게 된다. 아이가 잠들 때까지 등을 문지르거나 귀를 만지거나 자장가를 불러주기도 한다. 하지만 이런 방법은 처음에는 도움이 될지 몰라도 시간이 지날수록 별 도움이 되지 않는다. 결국 부모는 도깨비를 소환하거나 혼자 자라고 문을 닫고 나가버리기도 한다. 이렇게 아이에게 공포감을 조성해서 재우고 나면 죄책감이 든다. 현재 이런 상황에 처해 있다면 아이에게서 점진적으로 멀어지는 방법을 통해 아이 스스로 잠드는 수면 교육을 시도해 보길 바란다.

이 방법은 둘째 아이 수면 교육과는 차이가 있다. 둘째 아이 수면 교육은 단순히 물리적 독립을 통한 수면 독립이었다면 첫째 아이 수면 교육은 심리적 독립을 통한 수면 독립이다. 그러므로 아이의 울음소리에 반응하지 않는 방법을 사용한 둘째 아이 수면 교육과 달리 첫째 아이 수면 교육은 최대한 아이를 울리지 않고 진행해야 한다. 즉, 아이를 거부하거나 밀어내지 않고 편안하고 안정적인 분위기에서 아이와 점진적으로 멀어져야 한다. 아이가 부모로부터 심리적 독립을 한다면 물리적 독립은 쉽게 이루어질 수 있다.

그런 점에서 첫째 아이 수면 교육은 독립성과 자율성이 발달하기 시작하는 36개월 이상의 월령에 했을 때 성공률이 높다. 또한 나이가 많을수록 훨씬 더 쉽게 성공할 수 있다. 하지만 36개월이 되지 않았더라도 인지 능력이 발달해 부모와 의사 소통이 잘되고 낮에 부모와 분리돼 혼자 노는 시간을 가질 수 있는 아이라면 시도해 볼 수 있다.

첫째 아이 수면 독립의 성패를 결정하는 것

편안하고 안정적인 분위기

신생아에서 돌 전후 아기의 수면 교육은 아기의 울음에 반응하는 빈도를 줄여가며 아기가 혼자 자는 것에 익숙해지도록 하는 것이다. 하지만 세 돌 전후 유아의 수면 교육은 아이의 요구에 응해주며 심리적으로 안정된 상태를 유지하는 것이 가장 중요하다. 그러므로 수면 교육을 진행하면서 아이의 울음을 무시하거나 언성을 높이는 등 아이에게 불안감을 심어주면 안 된다.

수면 교육의 목적은 아이의 수면 문제를 개선해 아이와 부모 모두 편안한 잠자리를 갖는 것이다. 그런데 수면 교육을 하면서 아이가 잘 따라오지 않는다는 이유로 아이에게 화를 내고 공포 분위기를 조성한다면 아이를 불안하게 만들어 수면 교육을 성공하기 어렵다. 수면 교육을 원하는 것은 아이가 아니라 부모라는 점을 명심해야 한다. 그러므로 아이가 부모와 떨어져 편안하게 잠들 수 있도록 허용적인 수면 환경을 만들어야 한다.

서두르지 않기

세 돌 이후 유아의 수면 교육은 돌 전 아기의 수면 교육과 달리 시간과 노력이 많이 든다. 부모와 함께 자던 아이에게 왜 혼자 자야 하는지 설명해 주고 납득시켜야 하기 때문이다. 또한 이미 오랫동안 부모와 함께 자는 것에 익숙해진 아이가 혼자 자는 데 불안감을 느끼는 경우가 대부분이기에 수면 교육을 성급하게 진행하면 오히려 부모에 대한 집착이 더 심해질 수 있다. 그러므로 아이가 울거나 거부하지 않고 안정적으로 잠들 때 한 단계씩 넘어가도록 한다. 만약 다음 단계로 넘어갔을 때 아이의 거부가 심하다면 앞 단계로 돌아가서 며칠 더 적응할 수 있도록 해준다.

자연스럽게 멀어지기

한 단계씩 자연스럽게 멀어지는 것이 좋다. 아이에게 굳이 수면 교육의 단계를 명확하게 인식시킬 필요는 없다. 만약 침대 밑으로 내려가는 것이 목표라면 처음에는 침대 위에서 평소처럼 시작하다가 아이가 졸려 할 때 조금씩 멀어지도록 한다. 만약 아이가 "엄마 왜 거기에 있어?"라고 묻는다면 "침대가 좁아서 편하게 자게 해주려고. 여기서 잠들 때까지 지켜줄게"라고 말하며 안심시킨다. 아이

두 배 쉬워지는 애 둘 육아 수업

가 부모와의 거리를 느끼지 못하도록 매일 조금씩 멀어지다 보면 어느새 방 밖으로 나갈 수 있다.

잠자기 전 10분 동안의 밀도 있는 대화

아이를 빨리 재우고 싶다면 잠자기 전 아이 방에서 빨리 나오지 않아야 한다. 피곤하다는 이유로 서둘러서 굿나잇 인사를 하고 나온다면 그날은 아이의 마음에 사랑의 연료가 충분히 채워지지 않아 엄마를 수십 번 호출하게 된다. 하지만 자기 전에 엄마와 충분히 스킨십을 나누며 사랑의 대화를 한 아이는 마음에 안정을 얻어 편안한 상태로 쉽게 잠이 든다. 엄마 입장에서는 하루 종일 아이를 돌보고 재울 때 기력이 다해서 녹다운이 되기 마련이다. 그래서 낮 동안 온화했던 모습은 사라지고 작은 요구에도 신경질적으로 대답하기도 한다. 하지만 시간이 걸리더라도 방 밖으로 나오기 전까지 아이에게 집중하는 시간을 충분히 갖는 것이 오히려 아이의 요구사항을 줄이는 방법이다. 아이가 편안한 상태로 잠들게 하는 것이 수면 교육의 목표라는 점을 잊어서는 안 된다.

나   우주야, 사랑해. 엄마는 우주가 엄마 아들로 태어나서 너무 행
      복해. 우주는 엄마를 행복하게 해주는 정말 대단한 사람이야.

오늘 하루 너무 즐거웠고 내일도 재밌게 놀자. 푹 자고 내일 봐.
사랑해.

우주   우주도 엄마 사랑해. 오늘 너무 즐거웠어. 내일 재밌게 놀자.

함께 침대에 누워 스킨십을 하며 아이와 사랑의 대화를 꼭 나누도록 한다. 아이가 둘이면 한 명씩 스킨십 시간을 가지고 마지막에는 침대 밖에서 자장가를 불러주며 조용히 나온다. 아이가 불안해하고 무서워할수록 스킨십 시간을 더 오래 갖는 것이 좋다. 방 안에 졸린 기운이 가득 퍼지면 방 밖으로 나오는 것도 아이의 요구사항을 줄이는 방법 중 하나다. 피곤한 날일수록 스킨십 시간을 더욱 밀도 있게 가져야 엄마와 아이 모두 편안한 밤을 보낼 수 있다.

긍정적인 보상

아이가 엄마를 부르거나 밖으로 나오지 않고 침대에 누워서 자려고 노력하면 다음 날 사탕이나 초콜릿 등 평소 잘 주지 않는 간식을 준다. 이때 물질적 보상 외에도 칭찬을 통해서 아이에게 격려를 해야 한다. 또한 아이의 요구사항이 많은 날에는 아이를 침대에 눕히기 위해 자장가를 불러주거나 책을 읽어주는 등 아이가 좋아하는 것을 제공해 줄 수도 있다.

이때 "안 자면 도깨비 아저씨 부른다", "안 자면 문 꽉 닫을 거야" 라는 말은 하지 않는 게 좋다. 이런 말은 아이를 빨리 재우는 데 일시적인 효과는 있을 수 있지만 장기적으로는 아이의 마음속에 불안이 생기게 돼 수면 교육에 방해가 될 수 있다. 아이가 자지 않는다고 부모가 화를 내는 것 역시 마찬가지다. 수면 교육의 목표는 따뜻한 분위기에서 아이가 편안하게 잠들게 하는 데 있다.

#1. **아이가 계속 엄마와 대화하려고 하는 상황**

나   자는 시간에는 얘기하지 않는 거야. 조용히 누워서 자려고 노력하는 아이한테는 잠요정이 와서 사탕을 선물해 준대. 침대에 누워서 열심히 노력해 볼까?

우주   우주가 잠들면 잠요정이 온대?

나   맞아. 잠들고 나면 잠요정이 우주 침대에 와서 사탕을 주고 갈 거야.

그리고 다음 날 사탕으로 보상해 준다. 이때 "자꾸 돌아다니면 잠요정 안 온다! 사탕 안 먹고 싶어?" 하고 말하지 않는다. 대신 "침대에 누워야 사탕 받을 수 있어"라고 긍정어로 바꿔서 말해준다.

#2. **아이가 방에서 돌아다니고 엄마는 문 앞에서 책을 읽어주는 상황**

나   침대에 누우면 책 읽어줄게.

우주	누웠어.
나	신데렐라는 파티에 가고 싶었어요. 그런데….
우주	(장난스러운 대화를 한다.)
나	얘기 다 끝나면 말해. 조용해지면 책 읽어줄게.
우주	얘기 다 했어. 책 읽어줘.
나	예쁜 드레스와 마차가 없어서 파티에 갈 수가 없었어요.

이때 역시 "돌아다니면 책 안 읽어줄 거야"라고 말하는 대신 "침대에 누우면 책 읽어줄게"라고 말한다. 아이가 계속 말하거나 돌아다닐 때는 책 읽는 것을 멈추고 기다리다가 침대에 누워 들을 준비가 되면 다시 읽는다.

엄마도 엄마의 시간이 필요해

엄마가 아이 옆에서 함께 자는 데 익숙한 아이는 엄마가 떨어져 있는 모습을 받아들이기 힘들어할 수 있다. 이때 엄마가 아무것도 하지 않고 멀뚱멀뚱 아이를 바라보기보다는 빨래를 하거나 책을 읽는 등 일거리를 하는 것이 좋다. 그리고 나서 아이에게 "엄마가 지금 할 일이 있어"라고 말해주자. 아이 앞에서 엄마가 할 일을 하는 것은 시각적인 효과가 있다. 아이가 5세 이상인 경우에는 "9시 이후부터는 엄마도 엄마의 시간이 필요해. 엄마가 다 못한 일을 하거나 하고 싶었던 걸 하는 시간이야"라고 덧붙이는 것도 도움이 될 수 있다.

이는 낮에 엄마가 집안일을 하는 동안 아이가 혼자 노는 시간을 갖도록 연습하는 것과 비슷한 맥락이다. 엄마가 청소나 설거지, 저녁 준비를 하는 것을 아이에게 시각적으로 보여주면 아이가 그 상황을 더 잘 받아들이게 되는 것과 같다. 만약 낮에 혼자 노는 시간을 갖지 못하는 아이라면 낮부터 조금씩 엄마가 할 일을 하는 동안 혼자 노는 시간을 갖는 연습을 해보자.

세 돌 전후 첫째 아이 5단계 수면 교육

세 돌 전후 첫째 아이 수면 교육의 핵심은 기존에 부모와 엮여 있던 잠 연관을 끊고 아이가 잠들 때 부모의 역할을 조금씩 지워나가는 것이다. 이 과정을 통해 아이는 자연스럽게 혼자 잠들 수 있다. 이 시기는 아이와 의사소통이 가능한 시기이므로 대화를 통해 아이의 불안감을 낮춰주고 단호하지만 따뜻한 태도로 수면 교육을 진행해야 한다.

1단계: 잠 연관 끊기

'잠 연관'이란 아이가 잠들 때까지 필요한 행위나 물건을 말한다. 아이가 잠들 때까지 필요하다는 점에서 지속할 수 있는 행위나 물건은 좋은 잠 연관이 되지만 지속하기 힘든 행위는 좋지 않은 잠 연관이 될 수 있다. 이불, 인형 등은 아이가 잠들 때까지 가지고 있거나 지속할 수 있으므로 좋은 잠 연관이다. 하지만 엄마가 옆에서 아이를 토닥이거나 등을 만져주거나 자장가를 불러주는 것은 지속하기 힘들다는 점에서 좋지 않은 잠 연관이다. 이런 잠 연관은 아이가 자다가 깼을 때 또다시 같은 잠 연관을 통해 잠들기를 바라게 되므로 엄마도 아이도 숙면을 취하기 힘들게 만든다.

아이가 스스로 잠들기 위한 첫 번째 단계는 기존에 해오던 잠 연관을 끊고 엄마의 도움 없이 잠드는 것이다. 평소와 마찬가지로 침대에 같이 누워서 자도 되지만 엄마의 신체를 만지는 것이 잠 연관이라면 아이 옆에 앉아 있는 게 잠 연관을 끊는 데 더 도움이 된다.

우주는 32개월에 수면 교육을 시작했는데 우주의 잠 연관은 잠들 때까지 엉덩이를 긁어줘야 하는 것이었다. 먼저 아이에게 잠 연관 없이 잠드는 것이 가장 편하게 자는 방법이라는 것을 알려주고 오늘부터 엉덩이를 긁어주지 않을 것이라고 알려줬다. 첫날에는 강하게 거부하며 내 곁으로 와서 계속 살을 맞대고 자려고 했다. 아이의 그런 모습을 보면서 마음이 약해지기도 했다. 하지만 우주와 살

두 배 쉬워지는 애 둘 육아 수업

을 맞대고 자는 것은 숙면을 취하는 데 방해가 되는 요소라는 것을 오랫동안 경험을 해왔기 때문에 단호하게 요구를 들어주지 않았다. 아이와의 스킨십은 자기 전이나 낮에 충분히 갖도록 하고 잠들 때는 아이 스스로 잠들 수 있도록 도와줘야 한다.

엄마의 거절에도 아이가 계속 잠 연관을 요구한다면 어떻게 해야 할까? 그때는 바로 거절하기보다는 한두 번 허용 후 제한을 두어야 한다. 허용해 줄 때도 구체적인 시간이나 횟수를 정해서 해주고 그 이후부터는 혼자 잘 수 있도록 격려해 준다. 이후로 두세 번 정도는 더 해줘도 되지만 그 이후의 요구는 '친절하되', '단호하게' 거절해야 한다. 또는 무응답으로 대응하는 것도 도움이 된다.

나 우주야, 오늘부터 엄마가 만져주지 않고 스스로 잠드는 연습을 해볼 거야.

우주 왜?

나 원래 사람은 혼자 잠드는 거거든. 엄마도 잘 때 혼자 잠들지? 아무도 안 만져주지?

우주 응.

나 엄마도 어릴 때는 할머니가 토닥토닥 해줬는데 우주 나이 됐을 때부터 혼자 자는 연습을 해서 지금까지 혼자 잘 자는 거야.

우주 엄마도?

나 응, 우주도 오늘부터 엄마 도움 없이 혼자 뒹굴뒹굴하다가 잠들어보자. 그래야 편안히 잘 수 있어. 엄마가 맨날 안아주고 만져주고 하는 게 오히려 우주가 잠드는 데 방해가 돼.

우주 그래도 싫어. 엉덩이 긁어줘.

나 그럼 우주 엉덩이 엄마가 '10번' 긁어줄 테니까 딱 10번만 긁고 혼자 잠들어보자. 엄마 오늘 너무 피곤해서 바로 잠들 것 같아. (엉덩이 10번 긁어줌.) 자, 다 긁었다. 이제 스스로 한번 자보자.

우주 (조금 있다가) 엄마 안아줘.

나 엄마가 우주 잠 잘 자게 10초 동안 꽉 안아줄게. (꽉 안아줌) 하나, 둘, 셋, 넷, 다 안았다! 이제 혼자 뒹굴뒹굴 해보는 거야. 엄마 너무 졸리네. 잘 자, 내일 아침에 보자.

우주 (조금 있다가) 엄마 안아줘.

나 오늘부터 엄마가 만져주는 것 없이 혼자 자보자. 처음에는 힘든데 나중에는 훨씬 편하게 잘 수 있어. 우주 할 수 있어! 그럼 엄마 정말 잘게. 사랑해!

이후에도 계속 잠 연관을 해달라고 요구하면 무응답을 하거나 "엄마 자야 해" 혹은 "그냥 자보자"처럼 같은 말을 반복한다. 아무리 요구해도 들어주지 않는 엄마의 단호한 모습을 보며 아이는 혼자 잠들려고 노력하게 될 것이다. 그동안은 시도하지 않아서 못한 것이지 스스로 잠들지 못하는 아이는 없다.

2단계: 침대 끝에 앉기

아이가 잠 연관 없이 잠드는 것을 받아들이고 안정적이고 쉽게 잠들기 시작하면 2단계로 넘어간다. 잠 연관은 끊었지만 아이는 여전히 엄마와 살을 맞대고 자는 것을 원하고 엄마 옆에 바짝 붙어서 자려 할 것이다. 하지만 아이가 혼자 잠들도록 하는 목표를 달성하기 위해서는 엄마와 붙어서 자는 것 역시 서서히 소거해야 한다. 이때 아이가 불안하지 않도록 부드러운 이불, 좋아하는 인형을 가지고 잘 수 있도록 허용해 준다. 그리고 나서 침대 끝에 앉아서 아이가 잠들 때까지 자리를 지켜준다. 첫날에는 엄마가 침대 끝에 앉아 있는 상황이 낯설게 느껴져 엄마 곁으로 쫓아올 수 있다. 이때 엄마는 아이 쪽을 쳐다보지 않고 눈을 감고 있거나 책을 읽는 것이 좋다. 이 단계는 아이가 잠드는 데 평소보다 훨씬 오래 걸릴 수 있다. 며칠에서 몇 주간 지켜보며 아이가 잠드는 시간이 짧아지면 다음 단계로 넘어간다.

3단계 : 침대 밑에 앉기

이제 본격적으로 아이와 멀어지는 단계다. 엄마는 침대 밑으로 내려오고 아이는 침대 위에서 스스로 잠들게 한다. 이때 처음부터 침대 밑에서 시작하면 아이가 따라 내려오려고 할 수 있다. 처음에는 침대 위에 앉아 있다가 아이가 잠이 올 때쯤 자연스럽게 침대 밑으로 내려간다. 이때 침대 밑에서 빨래를 개는 것도 도움이 된다. 엄마가 할 일이 있다는 것을 아이에게 시각적으로 보여주는 것이 효과가 있다. 만약 아이가 무섭다고 안아달라고 하면 올라가서 짧게 안아주고 다시 내려온다. 아이가 침대 밑으로 내려오려고 하면 "침대 위에서 자는 거야"라고 말하며 다시 침대에 눕혀주는 것을 반복한다. 이때 아이와 대화하기보다는 같은 말을 짧게 반복하는 것이 좋다.

우주 엄마 왜 내려갔어. 무서워 올라와.

나 엄마가 빨래를 개야 해. 이것 봐 빨래 정말 많지? 엄마가 우주 잠들 때까지 여기서 지켜줄게.

우주 엄마 무서워 안아줘.

나 (안아준다) 잘 자 사랑해.
(조금 뒤 우주가 침대 밑으로 내려온다.)

우주 엄마랑 여기서 잘래.

나 자기 침대에서 자는 거야. (침대 위로 올려준다.)

우주 싫어. 엄마도 올라와.

나 엄마는 엄마 침대에서 자고 우주는 우주 침대에서 자는 거야.

아이가 적응해서 잠드는 시간이 줄어들면 처음부터 침대 밑에서 시작한다. 그 이후에도 문 쪽으로 조금씩 이동한다. 아이마다 적응 속도가 다르기 때문에 무리해서 빨리 문 앞으로 가지 않는다. 거리가 잘 느껴지지 않도록 매일 조금씩 문 앞으로 이동한다.

4단계: 방문 밖에 앉기

3단계에서 서서히 문 쪽으로 이동했다면 이제는 문 밖으로 나갈 차례다. 처음에는 방 안과 방 밖의 중간인 문지방에서 시작한다. 이때 거실은 어둡게 하고 문은 활짝 연다. 만약 수면 등을 끄고 자도 되는 아이의 경우에는 수면 등을 꺼도 되지만 아이가 무서워하면 수면 등을 켜도 괜찮다. 시끄러운 소리는 차단하고 자장가를 틀어놓는다. 만약 아이가 거부하면 방문 안에서 시작해서 아이가 안정되면 자연스럽게 방문 밖으로 나간다. 4단계부터는 아이가 계속 침대에서 벗어나 엄마가 있는 곳으로 나올 것이다. 줄어들었던 요구가 다시 많아지고 무섭다고 할 수도 있다. 또 엄마에게 끊임없이 말을 걸 수 있다. 이때 아이에게는 침대 밖으로 나오지 않아야 한다는 규칙을 알려주고 필요한 일이 있으면 엄마가 들어가겠다고 말한다. 그리고 아이가 무서워하면 방 안으로 들어가서 아이를 따뜻하게 안아주고 격려해 준다. 이때도 빨래를 개거나 책을 읽는 등 다른 일을 하며 엄마의 시간이 필요하다는 것을 말해준다.

우주는 처음에 수십 번도 넘게 나를 불렀다. 잠드는 시간이 다시 길어지기도 했다. 하지만 시간이 지나 혼자 자는 것에 적응하게 되니 요구사항이 줄어들고 잠드는 시간 역시 제자리를 찾게 됐다. 팁이 있다면 아이의 요구사항을 파악한 후 자러 들어가기 전에 모두 해결할 수 있도록 하는 것이다. 특히 물을 마시거나 화장실에 가는 것은 자러 가기 전에 끝내도록 한다. 처음에는 조금 허용적으로 시작하다가 아이가 혼자 자는 것에 익숙해지면 요구사항에 제한을 둔다. 이때 중요한 점은 아이의 요구사항이 쉽게 줄어들지 않더라도 화를 내지 않아야 한다는 것이다. 유아기에 자기 방에서 혼자 자는 것은 아이에게 쉽지 않은 일이다. 엄마로부터 심리적인 독립을 하기 위해서는 아이를 불안하게 재워서는 안 된다. 아이가 편안한 마음으로 잠들 수 있게 해주면 물리적인 독립은 자연스럽게 이루어진다. 아이가 무서워할수록 스킨십 시간을 늘리고 방 안에 오래 머무르다가 나온다. 엄격한 규칙을 따뜻한 태도로 전달해 주는 것이 중요하다.

우주 엄마 무서워요. 안아주세요.

나 응, 알았어. 나오지 말고 엄마가 들어가서 안아줄게. (꼭 안아주고 뽀뽀해 준다.) 엄마는 문 밖에서 우주 지키고 있을게.

우주 엄마 물 마시고 싶어요.

| 나 | 물 많이 마시고 자면 이불에 쉬 할 수도 있으니까 조금만 마시
자.(다음부터는 자기 전에 마시고 들어가도록 한다.) |

5단계: 문을 서서히 닫기

아이가 4단계에 적응하면 문을 조금씩 닫는다. 처음부터 닫고 시
작하지 말고 활짝 연 상태로 있다가 10분 정도 후에 문을 조금씩 닫
는다. 문을 완전히 닫는 데 일주일이 걸릴 수도 있고 한 달이 걸릴
수도 있다. 아이가 엄마의 모습이 보이지 않아 무서워하면 다시 문
을 살짝 열어준다. 그러다 아이가 많이 졸려 하면 문을 조금씩 닫는
것을 반복한다. 방문 밖에서 엄마 목소리를 들려주는 것이 도움이
된다. 자장가를 불러주거나 책을 읽어준다. 2~3권 정도 짧은 동화
책을 읽어주면 아이가 좀 더 편안하게 잠들 수 있다.

방문을 조금씩 닫다 보면 처음부터 방문을 거의 닫고 시작할 수
있는 단계에 이르게 된다. 처음에는 방문 앞에 앉아 있다가 아이가
방문을 닫고 자는 데 익숙해지면 방문 앞에 앉아 있지 않아도 된다.
즉, 아이가 잠들지 않았지만 부모는 자신의 일을 할 수 있는 것이다.
밤 10~11시가 넘도록 아이를 재우느라 요구를 들어주다 지쳐 때
로는 화내고, 때로는 아이보다 먼저 잠드는 일은 더 이상 없다. 뿐만
아니라 스스로 잠들었기에 새벽에 자주 깨던 아이들도 깨지 않고

아침까지 잘 수 있다. 아이 둘 모두 수면 교육을 하면 육아에서 가장 큰 비중을 차지하는 잠 문제가 해결돼 육아 난이도가 '상'에서 '하'로 내려가는 것을 경험할 수 있다.

새벽 깸에 대처하는 방법

> ### 연결고리 끊기

분리 수면을 하면 아이가 새벽에 깨서 안방으로 오거나 자기 방에서 엄마를 부르는 일이 생길 수 있다. 이는 분리 수면을 하는 과정에서 일어날 수 있는 자연스러운 일이므로 크게 걱정할 필요는 없다. 만약 분리 수면을 하고 있지만 엄마가 아이를 재워줘야 한다면 새벽 깸을 개선하기가 어렵다. 왜냐하면 잠들 때 엄마가 옆에 있었기 때문에 새벽에 깨서 허전함을 느껴 엄마를 찾기 때문이다. 하지만 수면 교육으로 아이가 혼자 잠들 수 있으면 새벽 깸을 쉽게 개선할 수 있다.

먼저 새벽 깸이 잦은 아이의 경우 대부분 밤마다 이 과정을 반복하고 있을 가능성이 높다.

ㄱ. 아이가 새벽에 깨서 엄마를 부른다.

ㄴ. 아이 방으로 달려가 아이를 안심시키고 옆에 눕는다.

ㄷ. 아이가 잠들 때까지 옆에 있는다.

ㄹ. 아이가 잠들면 다시 안방으로 온다.

ㅁ. 잠시 후 아이가 또다시 깨서 엄마를 부른다.

ㅂ. 아이 방으로 달려가 아이를 안심시키고 옆에 눕는다.

ㅅ. 아이가 잠들 때까지 옆에 있다가 함께 잠들고 아침을 맞이한다.

결국 이 과정을 반복하다 안방은 남편 혼자 차지하고 좁은 아이 침대에서 엄마와 아이가 함께 자게 된다. 새벽 깸을 없애기 위해서는 이 연결고리를 끊어야 한다. 선행돼야 할 것은 아이 스스로 잠들게 하는 것이지만 아이 스스로 잠들더라도 새벽 깸은 있을 수 있다. 이때 ㄴ, ㄷ처럼 아이의 새벽 깸이 반복될 수밖에 없는 연결고리를 끊어서 재수면 교육을 해야 한다.

잠들면 제자리로 돌아가기

아이가 새벽에 깨서 안방에 오면 안방에서 잠들게 하지 않아야 한다. 만약 안방에서 잠드는 일이 3일 이상 연속된다면 자기 방에서 자는 것을 거부할 수 있다. 그러므로 아이가 안방에 오면 아이를 안아 아이 침대로 데려가야 한다. 그리고 현재 진행 중인 수면 교육 단계에서 다시 수면 교육을 진행한다. 만약 침대 아래에서 수면 교육을 진행 중이라면 침대 아래에서 아이가 잠들 때까지 있는다. 방문 밖에서 수면 교육을 진행 중이라면 방문을 열고 방문 밖에서 아이가 잠들 때까지 있는다. 수면 교육에 성공해서 방문을 닫는 단계라면 아이를 침대에 눕히고 다시 안방으로 와도 된다. 그런데 아이가 무서워서 다시 잠들기 어려워한다면 방문 밖에서 문을 열고 아이가 잠들 때까지 있어도 된다. 중요한 것은 새벽에 깼을 때 아이가 안방에서 잠들지 않고, 아이 침대에서 혼자 누워 잠드는 경험을 해보는 것이다. 이를 반복하면 아이의 새벽 깸은 줄어들게 된다. 수면 교육에 성공하고 나서도 우주는 한동안 새벽 3시만 되면 깨서 안방으로 왔다. 그때마다 피곤해서 우주를 안방에서 재우고 싶었지만 새벽 깸을 없애기 위해 우주를 자기 침대로 데려다줬다. 우주를 안심시키기 위해 문 앞에서 잔 적도 많았다. 이 과정을 한 달 정도 반복하니 우주의 새벽 깸이 사라지게 됐다.

수면 훈련 시계 활용하기

시계를 볼 줄 모르지만 색깔을 구분할 줄 아는 아이라면 색깔 시계를 활용해 보자. 우주가 새벽에 깨서 안방에 자주 찾아오던 시기에 시간에 따라 색깔이 바뀌는 '수면 훈련 시계'를 구입해 우주에게 시간을 알려줬다. 수면 훈련 시계는 아이들이 자러 들어가는 시간인 밤 9시부터 아침 6시까지는 '빨간 불', 아침이 오는 6~7시는 '노란 불', 기상 시간인 7시 이후는 '초록 불'이 들어오도록 설정했다. 시간은 원하는 대로 설정 가능하다. 그래서 우주에게 '빨간 불'이 들어오면 자러 가는 시간임을 알려주고 새벽에 깨더라도 빨간 불이면 바로 눈을 감고 자는 것이라고 알려줬다. '노란 불'부터는 잠이 오지 않으면 깨도 좋지만 아침이 되지 않았으니 엄마 아빠를 깨우지 않고 조용히 하고 싶은 것을 해도 좋다고 말했다. 재수면 교육과 수면 훈련 시계 덕분에 새벽에 자주 깨서 안방으로 왔던 우주는 아침까지 잘 잔다. 은하 역시 색깔을 알게 된 이후로 시계의 의미를 알려줘서 새벽에 깨서 엄마를 부르면 "아직 빨간 불이야. 다시 자고 초록 불에 일어나자"라며 다시 혼자 자게 한다. 수면 훈련 시계는 새벽 깸뿐만 아니라 자러 가는 시간과 일어나는 시간을 색깔로 알려줄 수 있다는 점에서 시계를 볼 줄 모르는 아이들에게 생활 습관을 잡아주는 데 좋은 교구가 될 수 있다.

수면 훈련 시계

늦게 잠드는 아이를 위한 수면 교육

    부모의 시간은 아이가 잠든 이후에 시작된다. 아이를 재우다 깜빡 잠이 들어 육퇴 후의 시간을 보내지 못하고 아침을 맞이한 날은 허무하기까지 하다. 밤 11시가 넘어야 잠드는 아이를 키우는 집은 아이도 부모도 모두 피곤하다. 피곤한 삶이 누적되면 낮 동안 컨디션이 저조하고 쉽게 짜증이 난다. 우주에게 수면 교육을 하기 전에는 밤 11시에서 새벽 1시 사이에 잠이 들었다. 우주의 수면 스케줄을 앞당기기 위해 스스로 잠드는 수면 교육뿐만 아니라 수면 루틴을 바로 잡기 위한 노력을 했다.

아침에 일찍 깨우기

    밤에 늦게 잠들더라도 아침 7시에 우주를 깨웠다. 밤에 늦게 자는 아이는 아침에 늦잠을 자기 마련이다. 밤에 늦게 잠들었다고 아침에 늦게 일어나면 또다시 밤에 늦게 잠들게 된다. 그러므로 이 연결고리를 끊기 위해 아침에 일찍 깨워 잠드는 시간을 앞당겨야 한다. 잘 자는 아이를 깨우는 것은 무척이나 힘든 일이고 나 또한 7시에 일어나는 게 어렵다. 하지만 생활 습관을 바꾸기 위해서는 쉽고 편한 선택만 할 수 없다. 무거운 몸을 이끌고 일어나 아이와 함께 아침을 일찍 맞이하니 아이가 잠드는 시간이 앞당겨졌다.

낮에 활동량 늘리기

하원 후 집으로 곧장 가지 않고 놀이터에서 1~2시간 놀게 했다. 밤에 늦게 잠드는 아이의 경우 바깥 활동은 필수다. 확실히 바깥 놀이를 하지 않은 날은 잠드는 데 1시간 이상 걸렸고 바깥 놀이를 오래한 날은 잠드는 데 30분~1시간 정도밖에 걸리지 않았다.

낮잠 줄이기

여전히 밤늦게까지 자지 않는다면 낮잠을 줄여야 한다. 그리고 너무 늦게 낮잠을 시작하지 않아야 한다. 어린이집에 다닌다면 선생님과 아이의 수면 문제를 상의하는 것이 좋다. 어린이집에서 낮잠을 제한하는 일은 다른 친구들에게 방해가 될 수 있고, 선생님의 업무에 지장을 줄 수 있다. 하지만 낮잠을 제한해야만 문제가 해결되는 경우라면 선생님과 아이의 수면 문제에 대해 상의를 해보는 게 좋다. 이 루틴이 정착되면 어린이집에서 평소처럼 자더라도 밤에 잠드는 시간이 뒤로 늦춰지지 않는다. 우주의 경우 선생님이 먼저 낮잠 시간에 평소보다 일찍 깨우거나 조금 늦게 재워 낮잠 시간을 줄여보겠다고 제안해 주셨다.

충분히 만족할 만큼 놀아주기

낮 동안 부모와 떨어져 있거나 부모의 바쁜 일정으로 아이와 충분히 놀아주지 못하는 경우라면 아이의 정서적 욕구에 영향을 미칠 수 있다. 아이에게 낮과 밤은 서로 긴밀하게 연결돼 있다. 낮 동안 경험한 정서적 결핍을 잠자리에서 채우려고 시도할 수 있다. 이는 아이가 잠자기 전에 부모에게 계속해서 대화를 시도하고 잠들기를 거부하는 행동으로 이어질 수 있다. 부모와 함께하는 놀이 시간은 아이에게 하루 중 가장 행복하고 기다려지는 순간이다. 이러한 맥락에서, 일상에서 하던 일을 잠시 멈추고 아이와의 놀이 시간에 집중함으로써 아이에게 자신이 소중한 사람이라는 느낌을 받게 해주는 것 중요하다.

시각적인 루틴 만들기

아이가 밤에 자러 들어가는 것 자체를 거부하는 경우 시각적인 루틴을 만드는 것이 도움이 된다. 놀이 시간에 아이와 함께 하루 루틴을 이야기하며 그림을 그려본다.

나　　아침에 일어나면 뭘 하지?

우주　　밥 먹어.

나　　엄마가 그림으로 그려볼게. 우주가 색칠해 봐.

　　　　(일과를 그린다.)

나　　저녁 먹고 뭘 하지?

우주　　양치해.

나　　양치 다 하면?

우주　　책 읽어.

나　　책 다 읽고 나면?

우주　　자러 가.

나　　맞아. 9시가 되면 자러 가야 해. 왜 9시에 자야 할까?

우주　　그래야 키가 쑥쑥 커.

나　　그리고 다음 날 또 재밌게 놀 수 있지! 여기 색칠해 보자.

이렇게 아이와 그림 그리기 놀이를 하며 종이에 하루 루틴을 그려
놓고 잘 보이는 곳에 붙인다. 하루 루틴을 시각화하면 아이는 다음에
이어질 일을 예측할 수 있다. 일과를 수행하면서 완료된 일에 스티커
를 붙여보는 것도 좋다. 미션을 수행하듯 해야 할 일을 하나씩 하다
보면 밤에 자러 들어가는 것에 대한 거부감이 줄어들 수 있다.

자러 들어가면 무응답하기

아이의 끊임없는 요구나 대화에 즉각적으로 반응하지 않는 '무응답 전략'은 아이가 일찍 잠들게 하는 효과적인 방법 중 하나다. 일반적으로 늦게 자는 아이들은 자러 들어가서도 1~2시간 동안 놀거나 부모와 대화를 시도하며 잠자기를 미루는 경향이 있다. 이러한 상황에 아이의 모든 요구에 반응해 주면 아이는 오히려 더 잠에서 멀어지며 결과적으로 수면 시간은 점점 더 늦어진다. 따라서 아이가 잠자리에 든 후 10~15분 동안은 긍정적인 스킨십을 가지되, 그 이후에는 아이가 대화를 시도하더라도 누워서 자는 척을 하거나 아이의 요구에 무응답으로 일관하는 것이 중요하다. 이는 아이에게 침대는 수면을 위한 공간임을 인식시켜 스스로 잠드는 데 도움을 줄 수 있다.

두 배 쉬워지는 애 둘 육아 수업

아침에 눈을 떠보니
우주가 내 옆에 누워 울고 있었다.

어떤 꿈인지 말해주진 않았지만
어떤 꿈인지 알 것 같았다.

밤이 되자 우주는 다시 꿈 얘기를 꺼냈다.

나는 우주를 꼭 안고 얘기했다.

두 배 쉬워지는 애 둘 육아 수업

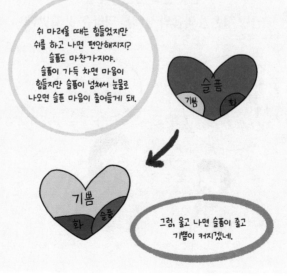

한껏 울고 웃은 우주는
금방 평온한 마음의 상태를 되찾은 것 같았다.

두 배 쉬워지는 애 둘 육아 수업

악몽을 꾸고 울고 있는 아이에게

우주가 태어나 50일쯤 됐을 무렵, 우주가 자면서 흐느끼며 울었다. 이 조그마한 아기가 무슨 꿈을 꾸기에 이토록 슬프게도 우는 것일까. 세상에 나온 지 얼마 되지도 않은 아기가 두려움을 느끼는 장면은 어떤 것일까. 엄마 배 속에서 바깥세상으로 나올 때 엄마만큼이나 아기도 고통스럽다던데, 혹시 그때의 일을 재현하고 있는 건 아닐까.

신기하게도 은하 역시 태어난 지 얼마 되지 않았을 때부터 자다가 흐느끼는 일이 종종 있었다. 아기가 자면서 우는 모습을 볼 때면 그 모습이 안쓰러워 한참을 지켜보기도 하고 어떨 때는 악몽에서 벗어나게 해주고 싶은 마음에 깨워보기도 했다.

우주가 자라서 말을 하게 되면서 자신이 꾼 꿈을 얘기해 줬다. 재미있는 꿈을 꾼 날은 자다가 깔깔 웃기도 했고 무서운 꿈을 꾼 날은 꺼이꺼이 울기도 했다. 우주가 꾼 악몽은 대부분 '엄마를 잃어버리는 꿈'이었다. 우주가 말해주지는 않았지만 이날 우주가 꾼 꿈은 아마도 엄마를 잃어버리는 꿈이었을 것이다. 나 역시 어릴 때 부모님을 잃어버리는 상상을 하면 눈물이 주룩 흐를 정도로 공포스러웠기에 "괜찮아. 그럴 일 없어"라는 말로 우주의 걱정을 대수롭지 않게 넘겨버릴 수 없었다.

"엄마는 무서운 꿈을 꾸면 오히려 안심돼. 무서운 꿈을 꾸면 실제로는 일어나지 않거든. 엄마도 어릴 때 할머니, 할아버지를 잃어버리는 꿈을 자주 꿨거든? 그러니까 실제로 잃어버리지 않더라고. 덕분에 어제도 할머니, 할아버지랑 만나서 놀았잖아."

내 말에 우주는 뭔가 깨닫는 것 같더니 이내 슬픈 표정을 지었다.

"그래도 계속 눈물이 나."

슬픔을 삼키려고 노력하는 우주를 보며 슬픈 감정을 억누르지 않아도 된다는 것을 알려주고 싶었다.

"슬플 때는 울면 돼. 엄마는 슬퍼서 눈물이 나면 참지 않고 엉엉 울어. 물을 많이 마셔서 몸에 물이 가득 차면 쉬야를 누지? 쉬야가 마려울 때는 힘들지만 쉬를 하고 나면 편안해지잖아. 슬픔도 똑같아. 우리 마음에 슬픔이 가득 차서 넘치면 눈물이 나는 거야. 그래서 눈물을 흘리면 우리 마음에 슬픔이 줄어들게 돼. 기쁨이 넘치면 깔깔 웃고 슬픔이 넘치면 엉엉 울고 화가 많이 나면 악 하고 소리를 지르게 되는 거야."

얼마 전 우주와 함께 읽은 《인사이드 아웃》 책에서 슬픔도 화남도 기쁨도 모두 소중한 감정이라는 걸 배운 우주는 내 말을 온전히 이해한 것 같았다.

"기쁨이랑 화남이랑 슬픔이 다 넘치면 깔깔 악 엉엉하겠네?"

역시 아이들은 엉뚱하다. 진지한 얘기를 이렇게 장난으로 받아치다니. 감동은 사라졌지만 덕분에 우주의 마음속 슬픔은 줄어들었다. 우주를 안심시키려고 지어낸 이야기였지만 생각해 보니 우리 마음속에는 희로애락이 있고 때에 따라 넘쳐흐른 감정이 밖으로 표출되고 사그라들고를 반복하는 것 같다. 그렇다면 잘 웃고 잘 울고 화를 잘 내는 사람은 마음의 순환이 잘되는 건강한 사람이 아닐까? 그 모습은 감정에 솔직한 아이들과 참 닮았다.

Q 4개월 아기인데 자러 들어가면 30분 만에 자꾸 깨요. 푹 자지 못하니 피곤해서 깨어 있을 때 칭얼대는데 토끼잠을 자지 않고 1~2시간씩 자게 하는 방법이 없을까요?

4개월 아기의 수면 주기는 30분 간격이에요. 아이가 잠을 자기 시작해서 30분까지는 깊은 잠을 자는데 30분이 지나면 깊은 수면에서 깨어나 얕은 수면으로 바뀌게 돼요. 한 사이클이 종료되고 다음 사이클로 넘어갈 때 스스로 잠 연장을 하면 1~2시간을 잘 수 있게 되는 거예요. 그런데 잠 연장을 하지 못하고 깨면 토끼잠을 자게 돼요. 보통 4개월 잠퇴행기 때 토끼잠을 자는 경우가 많아요. 토끼잠은 대부분 일시적인 문제로, 아기가 5~6개월이 되면 잠과 잠을 연결해서 30분 이상 잠을 자는 사이클이 자리 잡게 돼요.

먼저 '먹놀잠'을 제대로 하고 있는지 체크하세요. 먹다가 조는 아기들은 먹으면서 잠을 보충하기 때문에 낮잠을 충분히 자지 못해요. 또한 깨어 있는 시간이 충족되지 않으면 체력이 남아서 낮잠을 길게 자지 못해요. 노는 시간에는 가벼운 산책을 통해 에너지를 발산할 수 있게 해줘야 해요. 잠이 오지 않는 상태인데 잘 시간이 됐다는 이유로 억지로 재운다면 아기는 푹 자지 못하고 금방 깨요. 이런 경우라면 평소보다 30분 정도 늦게 재우는 게 도움이 될 수 있어요.

만약 30분만 자고 깨는 게 지속된다면 20분이 됐을 때 방에 들어가서 아기를 지켜보다 얕은 수면으로 바뀔 때 쪽쪽이를 물려주는 등의 개입을 해서 잠을 연장해 주는 방법도 있어요. 하지만 부모의 개입으로 잠을 연장하는 방법은 아기가 토끼잠을 자지 않게 되면 소거해 나가야 해요. 아기가 잠 연장을 하는 가장 좋은 방법은 스스로 하는 것이기 때문이에요. 토끼잠 해결을 위한 부모의 개입은 하루 한 번 정도로 하고 그 외에는 스스로 잠 연장할 수 있도록 기다리는 것이 장기적으로 봤을 때 가장 좋은 해결 방법이에요.

(Q) **밤마다 쪽쪽이 셔틀을 하느라 아기도 저도 잠을 잘 못 자요. 심하면 쪽쪽이 셔틀을 20번 정도 하는 것 같은데 쪽쪽이 셔틀을 그만할 수 있는 방법은 없을까요?**

아기가 잠들 때 쪽쪽이의 도움을 받아 잠이 들면 얕은 잠에 들어갈 때 입에 쪽쪽이가 없으면 허전해서 깨게 돼요. 쪽쪽이 셔틀을 하게 되는 원인은 크게 두 가지예요. 하나는 쪽쪽이로 잠 연장을 시도한 경우이고, 다른 하나는 밤중 수유 대신 쪽쪽이로 배고픔을 달랜 경우예요. 첫 번째 경우에는 스스로 쪽쪽이를 찾아서 물 수 있으면 자연스럽게 해결되기도 해요. 하지만 쪽쪽이를 잡을 수 없는 개월 수라면 쪽쪽이를 끊거나 스스로 잠 연장을 할 기회를 주는 게 좋아요. 잠들 때 쪽쪽이를 사용하더라도 밤에 깨서 쪽쪽이를 찾을 때는 쪽쪽이 없이 잠 연장을 할 수 있도록 도와주세요. 특히 둘째 아이일 경우에 첫째 아이가 깰까 봐 작은 소리만 나도 바로 쪽쪽이를 물려서 쪽쪽이 셔틀을 하는 경우가 많아요. 그러므로 쪽쪽이 셔틀을 끊을 때는 첫째 아이와 둘째 아이의 방을 분리해서 둘째 아이의 우는 소리에 예민해지지 않는 환경을 만들어야 해요. 만약 스스로 잠 연장을 하지 못하는 경우에는 잠들 때부터 쪽쪽이를 사용하지 않는 게 좋아요. 혼자서 자는 아기도 쪽쪽이를 끊을 때는 부모의 개입을 늘려서 쪽쪽이 없이 잠들 수 있게 도와줘야 해요. 이후에 다시 수면 교육을 하면 원래 수면 패턴으로 돌아올 수 있어요.

두 번째 경우에는 수유가 도움될 수 있어요. 아직 배가 고픈 아기인데 쪽쪽이로 달래려고 하다 보니 잠을 푹 자지 못하고 자꾸 깨는 거예요. 6개월 미만의 아기라면 배가 고파서 우는 것은 아닌지 관찰해 보고 쪽쪽이 대신 수유하는 방법으로 쪽쪽이 셔틀을 없앨 수 있어요. 또는 낮에 수유량이나 이유식량을 늘려서 밤에 배가 고파하지 않도록 먹는 양을 조절할 수도 있어요.

Q 눕히면 5분 만에 잠들던 아기가 갑자기 쉽게 잠들지 못하고 울어요. 원래 누워서 잘 잤는데 눕히면 울고 안아줘도 계속 칭얼거리네요. 왜 이러는 걸까요?

눕히면 5~10분 만에 잠들던 아기가 쉽게 잠들지 못하고 칭얼댄다면 낮잠 변환기가 온 건 아닌지 확인해야 해요. 낮잠 변환기는 4~5개월, 6~8개월, 13~18개월에 찾아와요. 낮잠 변환기가 됐는데 낮잠을 줄이지 않고 원래의 수면 스케줄대로 재우려고 한다면 아기와 부모 모두 힘들어질 수 있어요. 낮잠 변환기가 되면 밤에 잠들기 어려워하거나 밤잠을 거부해요. 이때는 마지막 낮잠을 없애거나 평소보다 일찍 깨워서 깨어 있는 시간을 충분히 확보해야 해요. 낮잠 역시 잠드는 데 20~30분 이상 걸리거나 거부하는 경우에는 낮잠 시간을

두 배 쉬워지는 애 둘 육아 수업

변경해 보세요. 기상과 낮잠, 낮잠과 낮잠 사이에 깨어 있는 시간을 늘려서 낮잠 횟수를 줄여보세요. 총 낮잠 시간을 줄여야 할 개월이 됐는데도 낮잠 시간을 줄이지 않으면 밤에 깨서 노는 경우도 있어요. 이때는 깨어 있는 시간이 충분하지 않은 것이므로 낮잠 시간을 제한해서 밤잠을 충분히 잘 수 있도록 해야 해요.

Q 여행을 가거나 명절에 양가 부모님 댁에 가는 경우에는 어떻게 자나요? 그때도 아이들 혼자 잠을 자도록 해야 하는 건가요?

외박을 할 때 낯선 환경에서 아기 혼자 잠들게 하는 일은 쉽지 않아요. 가드가 높은 휴대용 아기 침대를 구비하고 암막 커튼이 있는 방 등의 환경이 조성된다면 불가능한 일은 아니지만 외박할 때마다 집과 비슷한 환경을 만들어주는 것은 어려운 일이거든요. 외박을 하는 날에는 아이들을 따로 재우지 않고 다 같이 잤어요. 대신 아기 띠로 재우거나 부모가 안아서 재우기보다는 아이들이 침대에 등을 대고 잘 수 있게 했어요. 외박을 할 때만 따로 자고 집에 와서는 원래 자던 방식대로 자면 아이들도 그 규칙을 이해하게 돼요. 그런데 외박 기간이 길어져서 부모와 함께 자는 데 익숙해지면 집에 돌아와서 혼자 잠드는 것을 거부할 수 있어요. 이때 최대 일주일 정도 시간을 들여 재수면 교육을 해주면 다시 혼자 잘 자는 아기가 될 수 있어요. 재수면 교육 방법은 처음 수면 교육 방법과 같아요. 다만 수면 의식을 길게 해주고 단계를 조금 더 빨리 진행하면 돼요. 첫날이 가장 어렵고 그다음부터는 아기가 금방 적응하게 될 거예요.

Q 아이가 아프거나 컨디션이 좋지 않은 경우에는 같이 자도 되나요? 아기가 저 없이 혼자 자다가 크게 아플까 봐 걱정이 돼요.

아기가 아플 때는 분리 수면을 권장하지 않아요. 대신 컨디션이 나쁘지 않고 잠드는 데 어려움이 없다면 혼자 재우는 게 좋아요. 이때 반드시 수면캠으로 아기의 상태를 확인해야 해요. 그다음 아기가 잠들고 나면 아기 침대 안, 혹은 침대 옆에 토퍼를 깔고 누워 아기와 같은 방에서 자며 상태를 살피면 돼요. 아기가 많이 아프지 않은 경우에는 다른 방에서 자면서 알람을 맞춰 아기의 상태를 확인하는 방법도 있어요. 만약 부모가 재워준 경우, 아기의 컨디션이 좋아지고 나서도 혼자 자는 것을 거부한다면 재수면 교육을 통해 돌아갈 수 있으니 크게 걱정하지 않아도 돼요.

Q 첫째 아이가 방문을 닫고 혼자 잘 자기 시작한 지 꽤 됐는데 갑자기 무섭다며 다시 엄마를 찾아요. 이럴 때는 어떻게 해야 할까요?

수면 교육에 성공해서 육퇴의 기쁨을 누리던 중 갑자기 위기가 찾아올 수 있어요. 이때 아이가 보내는 신호를 잘 관찰해야 해요. 아이가 유독 엄마를 필요로 하는 시기가 있어요. 낮에 엄마와 보내는 시간이 충분하지 않았을 수도 있고, 무서운 것이 많아졌을 수도 있어요. 아이가 혼자 자기 어려워하는 날이 지속된다면 다시 앞 단계로 돌아가서 재수면 교육을 진행해 주세요. 문을 활짝 열고 방 밖에 앉아 있거나 방 안에 들어가 아이가 잠들 때까지 앉아 있으면 아이가 훨씬 더 편안하게 잠들 수 있어요. 혼자 자는 아이의 방 안에 다시 들어가면 예전처럼 아이를 재워줘야 할까 봐 걱정하는 마음이 들 수도 있어요. 하지만 아이가 평소와 달리 엄마를 자주 부르고 찾는다면 방문 밖에서 아이와 실랑이를 벌이는 것보다 방 안에 아이를 안심시켜 주는 것이 아이의 심리적 독립을 돕는 방법이에요. 방 안에 다시 들어간 경우에는 수면 교육을 했던 방식대로 아이가 쉽게 잠드는 시기가 오면 다시 조금씩 멀어지면 돼요.

Q **첫째 아이와 둘째 아이를 한 방에서 같이 재우려고 해요. 이때 하나의 침대에서 같이 자도록 하는 게 좋을까요?**

여건이 된다면 침대는 합치지 않는 것이 좋아요. 처음에는 둘째를 아기용 침대에서 분리해서 재우다가 나중에 아이 둘을 공간의 분리 없이 같은 침대에서 재우는 경우가 많아요. 만약 엄마가 혼자 아이 둘을 재워야 한다면 그렇게 재우는 게 편할 수 있지만 수면 교육을 하는 경우에는 둘의 침대를 분리하는 것이 좋아요. 왜냐하면 아이 둘이 한 침대에서 자면 서로 방해되기 때문이에요. 개월 수의 차이로 잠드는 시간이 다른 경우 같은 침대에 시간차를 두고 들어가게 되면 먼저 잠든 아이가 쉽게 깰 수 있어요. 또한 아이들은 자면서 수도 없이 자세를 바꾸면서 자는데 자다가 부딪혀서 깨거나 다칠 수도 있어요. 게다가 한 방에서 아이들만 자면 서로 다투기도 하는데 침대가 분리돼 있으면 쉽게 중재할 수 있어요. 뿐만 아니라 아이들이 자라면서 함께 노는 시간이 많아지면 자러 들어가서도 놀거나 장난을 치는 일이 생겨요. 이때도 각자 침대에서 자면 오래 놀지 않고 금방 잠들 수 있어요.

PART 4

스스로 잘하는 아이가
사는 집

육아는 100에서 시작해
0으로 가는 것

다 해주고 키운 첫째, 혼자 하게 내버려둔 둘째

우주를 낳고 참기 어려운 것 중 하나는 아이의 저지레였다. 어린 아이와 같은 공간에서 생활해 본 경험이 없던 나는 정돈된 삶에 익숙했다. 그런데 우주를 키워보니 아이와의 식사 시간에 정돈된 식탁에서 밥을 먹는다는 것은 말도 안 되는 일이었다. 매일 수도 없이 물을 쏟는 우주를 볼 때면 나도 모르게 비명이 나왔다. 손을 씻으러 가서도 물장난을 치며 화장실을 엉망진창으로 만드는 우주의 모습을 지켜보는 일도 쉽지 않았다. 바지에 다리 하나 넣는 것도 힘들어서 5분이 넘도록 낑낑대는 모습을 보며 답답함을 느꼈다. 나의 조급함과 깔끔한 성격은 우주를 기다리지 못했다. 지저분해지지 않기 위해, 빨리하기 위해 나는 우주가 자라면서 배워야 할 것을 다 해주는 엄마가 됐다. 그러다 보니 우주와 관련된 모든 일에는 나의 도움이 필요했다. 세 돌이 가까워질 때까지 깔끔하게 먹이기 위해 밥을 떠 먹여줬고, 화장실을 어지럽히는 게 싫어서 우주를 번쩍 안아 손을 씻겨줬다. 외출할 때도 옷을 입히고 신발을 신기는 것은 나의 역할이었다. 우주는 처음에는 혼자 해보고 싶어 했지만 늘 내가 해줬기에 나중에는 내가 해주는 것이 당연한 일이 됐다. 나 역시 아이를 키우는 일은 하루 종일 아이의 수발을 드는 일이라고 생각했다. 그래서 우주가 어린이집에 가지 않는 날이면 쉴 틈 없이 바빴다.

그러던 어느 날, 우주의 어린이집 친구 엄마가 우리를 초대했다. 그 엄마는 28개월 첫째와 100일 된 둘째를 키우는 엄마였다. 하원 후에 함께 그 집에 들어가는데 우리 집과는 사뭇 다른 풍경에 속으로 많이 놀랐다. 우주 친구는 집에 가자마자 스스로 신발을 벗고 엄마가 시키지도 않았는데 화장실에 가서 손을 씻었다. 그러고는 양말을 벗어 세탁 바구니에 집어넣고 엄마가 간식을 줄 때까지 하고 싶은 놀이를 했다. 세 돌도 안 된 아이가 혼자 손을 씻는다는 것이 충격이었다. 나는 그동안 아이 혼자 손을 씻으면 장난만 치고 깨끗하게 씻지 않을 것이 염려돼 한 번도 혼자 손을 씻도록 내버려 둔 적이 없었다. 비슷한 개월 수의 아이인데도 우주는 하지 못하는 일을 척척 해내는 것을 보며 놀라움과 동시에 후회가 몰려왔다.

얼마 뒤 은하가 태어났다. 은하가 태어나고 나서부터 육아는 전

두 배 쉬워지는 애 둘 육아 수업

쟁과도 같았다. '우주 한 명을 키울 때가 좋았지'라는 생각이 머릿속에서 떠나지 않았다. 정신 없이 바쁜 일상에서 나는 육아가 편하기 위한 방법을 찾기 시작했다. 스스로 할 줄 아는 게 없는 우주뿐만 아니라 은하 역시 어릴 때부터 자조 능력을 키워줘야겠다고 다짐했다. 그것이 육아 부담을 덜고, 아이들과의 관계에 긍정적인 영향을 주며, 아이들도 성장하는 길이었다.

컵으로 물을 마시고 싶어 하는 은하에게 컵을 주니 처음에는 주르륵 쏟았지만 하루가 다르게 물 마시는 기술이 좋아졌다. 마침내 10개월이 되자 은하는 혼자 컵을 잡고 양을 조절하며 물을 마실 수 있게 됐다. 연습을 하면 10개월 아기도 컵으로 물을 마시는 게 가능하다는 건 우주를 키울 때는 상상도 못 했던 일이었다. 우주는 못 했지만 은하는 할 수 있었던 건 연습 기회를 제공했기 때문이었다. 그 뒤로 은하에게 스스로 하는 힘을 길러주기 위해 밥 먹기, 옷 입고 벗기, 손 씻기, 신발 신고 벗기 등을 혼자 시도할 수 있도록 기회를 줬다. 은하는 두 돌이 됐을 때 우주가 세 돌이 넘어서야 할 수 있었던 것들을 혼자 해냈다. 뿐만 아니라 장난감 정리, 식사 전과 후의 식탁 정리 등 집안일을 도와주는 일도 훌륭하게 해냈다. 어릴 때부터 스스로 하는 것이 당연한 은하는 "엄마가 해줘. 난 못 해"라는 말보다 "할 수 있어. 은하가 할래"라는 말이 더 익숙한 아이로 자랐다. 둘째를 낳고 부모가 아이를 믿고 스스로 할 수 있는 환경을 조성해 주면 아이는 얼마든지 스스로 하는 힘을 기를 수 있다는 것을 배웠다.

"내가 할래!" 시도할 땐 지켜봐주세요

누워만 있던 아기는 빠르면 3개월부터 뒤집기를 시도한다. 한 번 뒤집기를 시작한 아기는 시도 때도 없이 뒤집는다. 오죽하면 이를 '뒤집기 지옥'이라 부르기도 한다. 아직 목에 힘이 부족한 아기는 뒤집기를 한 후 얼마 안 가 힘들어서 찡찡거린다. 어떤 아기는 뒤집었다 하면 토를 하기도 한다. 그런데 이때 아기가 자꾸 칭얼대거나 토를 한다는 이유로 뒤집기를 못하게 한다면 아기의 정상 발달을 더디게 만들 것이다. 아기의 토를 치우느라 조금 수고스럽더라도, 뒤집기를 하느라 아기가 찡찡대더라도, 그 시도를 격려하고 대견하게 지켜보면 아기는 어느새 능수능란하게 뒤집기를 하게 된다. 대근육뿐만 아니라 소근육을 발달시키는 방법도 마찬가지다. 뭐든지 자주하게 해주고 격려해 주면 스스로 하나씩 할 수 있게 된다.

아이들 눈에는 집에 있는 모든 것이 놀잇감이다. 손을 씻는 것은 물놀이고 밥을 먹는 것은 촉감놀이다. 또한 엄마 아빠가 하는 모든 것은 다 신기하고 흥미롭다. 그래서 뭐든지 직접 해보고 싶어 한다. 도와주려 하면 짜증을 내고 엄마 손에 있는 것을 빼앗아 자기 손에 쥐어야 직성이 풀린다. 위험한 것이 아니라면 "내가, 내가" 하며 자기가 하고 싶다는 의사를 표현하는 아이에게는 혼자 하도록 내버려두는 것이 좋다. 이때가 스스로 하는 힘을 기를 수 있는 절호의 기회이기 때문이다.

물론 미숙한 아이를 느긋하게 기다리는 일은 쉽지 않다. 물을 마시다가 쏟고, 우유갑을 꽉 눌러서 엉망이 되고, 신발을 거꾸로 신는 아이의 모습을 보면서 자꾸 도와주고 싶어진다. 특히 부모가 깔끔한 성격이라면 더욱 견디기 힘들 것이다. 하지만 컵에 물을 붓기 위해서 아이는 수도 없이 물을 쏟아봐야 한다. 힘껏 부으면 물이 넘치고 살살 부어야 물이 넘치지 않는다는 것을 컵에 물이 넘치도록 부어봐야 배울 수 있다. 우유갑을 누르면 우유가 넘친다는 것 역시 수십 번 눌러봐야 알게 된다. 또한 신발의 오른쪽과 왼쪽을 구분하기 위해서 신발을 반대로 신으며 불편함을 느껴봐야 한다. 바지를 입기 위해 집중하는 아이를 보며 '열심히 연습하고 있구나. 대견하네' 하고 바라본다면 얼마 안 가 아이는 이 모든 걸 능숙하게 할 수 있게 될 것이다. 시도와 실수를 많이 할수록 아이는 더 잘하게 된다. 아이가 실패하는 시간은 바로 '성장의 시간'이기 때문이다.

우주를 키우며 스스로 하는 힘이 얼마나 중요한지 알게 됐기에 은하를 키울 때는 최대한 혼자 해보도록 내버려두었다. 우주에게는 숟가락을 쉽게 내어주지 않았지만 은하에게는 숟가락을 흔쾌히 내어줬다. 음식을 제대로 뜨지 못해서, 입에 제대로 넣지 못해서, 다 흘려서 엉망이 된 식탁 주변을 보면서도 은하에게 또 해보라며 격려해 줬다. 그렇게 끼니마다 숟가락질 연습을 한 은하는 돌이 될 때부터 스스로 밥을 먹을 수 있었다. 손 씻는 것도, 옷을 입고 벗는 것도, 신발을 신는 것도 특별히 도와달라는 표현을 하지 않는 이상 혼자 해볼 수 있도록 기다렸다. 그러다 보면 엉성하지만 아이 나름의 방법으로 해내곤 했다. 아이가 새로운 것을 시도할 때마다 기쁜 마음으로 기다리자. 한 번, 두 번, 아이를 기다리다 보면 느긋하게 아이를 기다려줄 줄 아는 엄마가 된다.

"잘 안 돼, 으앙." 짜증낼 땐 도와주세요

"내가, 내가" 하던 아이가 어느 날부터 짜증을 내며 울음을 보이는 시기가 온다. 혼자 하겠다고 할 때는 언제고 왜 우는 걸까? 그건 바로 '잘하고 싶은데 잘 안 되기' 때문이다. 아직 소근육이 발달하지 않은 아이가 울음을 보일 때는 부모가 적극적으로 개입해야 한다. 이 시기에 작은 성취를 쌓아가야 나중에 기꺼이 스스로 하려고 한다. 처음에는 부모 100, 아이 0으로 시작해서 나중에는 부모 0, 아이 100이 될 수 있도록 매일 조금씩 연습해야 한다. 이를 교육학에서는 '스캐폴딩Scaffolding'이라고 하는데 쉽게 말해 아이 수준보다 살짝 높은 단계로 나아가기 위해 옆에서 도와주는 것이다.

나는 아이들에게 스스로 하는 힘을 길러주기 위해 스캐폴딩을 주로 활용했다. 스캐폴딩은 아이가 어떤 기술을 익히는 데 큰 도움이 된다. 처음부터 높은 단계를 연습시키기보다는 아이의 현재 수준보다 살짝 높은 단계부터 시도해야 한다. 만약 자기 수준보다 너무 높은 단계를 시도하면 오히려 좌절감을 느낄 수도 있다. 우선 옷이든 신발이든 입는 것보다는 벗는 것이 더 쉽다. 그러므로 벗는 것부터 혼자 해보도록 한다. 벗는 것이 익숙해지면 입는 것을 시도해 볼 수 있다. 이때 한 단계씩 쪼개서 아이에게 과제를 줘야 한다.

양말을 신거나 바지를 입는 것을 알려주기 위해서는 처음에는 부모가 모든 과정을 다 해놓은 상태에서 아이가 마무리만 할 수 있도록 해준다. 양말을 발에 다 씌운 상태에서 발목 부분만 두 손으로 잡아당기게 하거나 바지를 두 다리에 다 넣은 상태에서 바지만 올리도록 한다. 이렇게 하는 이유는 아이가 처음에 시도했는데 쉽게 되지 않으면 어렵다고 느껴서 다시 시도하고 싶은 마음이 생기지 않을 수 있기 때문이다. 아이가 시도했을 때 '쉽네?'라고 느껴야 계속 시도하고 싶은 마음이 생긴다. 이런 방법으로 '바지 올리기→바지 한 발 넣기→바지 두 발 넣기' 단계를 거쳐 결국 아이는 혼자 바지를 입을 수 있다. 이때 잊지 말아야 할 것은 단계마다 적절한 리액션을 해야 한다는 것이다. 유아기 때 부모가 아이에게 해줄 수 있는 최고의 보상은 칭찬이다. 칭찬은 아이의 자신감을 높여주고 더 잘하고 싶은 마음이 들게 한다. 또한 아이가 입고 벗기에 쉬운 옷이나 양말로 연습하면 좋다. 너무 꽉 끼는 옷은 큰 아이도 혼자 입기 어렵다. 신축성이 좋고 헐렁한 옷으로 연습하면 어린아이도 쉽게 성공할 수 있다. 연습이 충분히 되면 아이가 도움을 청해도 말로만 도움을 준다. '할 수 있다'라는 메시지와 함께 옆에서 말로 방법을 알려주면 금방 성공하기도 한다.

스스로 할 줄 아는 게 많은 아이는 자신감으로 가득 차 있다. 작은 성취가 쌓여 스스로 할 수 있다는 믿음이 생겼기 때문이다. 또한 아이가 성취해 내는 과정을 지켜보며 부모 역시 아이의 가능성에 믿음을 가질 수 있게 된다.

"안 할래. 엄마가 해줘." 이렇게 말해주세요

스스로 할 줄은 아는데 혼자 하는 것을 거부하는 경우가 있다. 잘하다가 갑자기 그럴 수도 있고 부모가 해주는 것이 익숙해서 스스로 하지 않으려는 경우도 있다. 이런 아이에게 "네가 해봐", "그래도 네가 하는 거야"라고 한다고 쉽게 움직이지 않는다. 이럴 때면 '아직 어리니 그냥 해줄까?' 하는 마음에 다 해주기도 하다가 '이제 좀 컸으니 혼자 하는 연습을 해야 할 텐데' 하는 마음에 아이에게 혼자 해보라며 괜히 혼을 내기도 한다. 우주는 꾸준히 연습했더니 세 돌이 됐을 때는 혼자 할 줄 아는 것이 많아졌다. 하지만 혼자 할 줄 아는 것이 많아져도 혼자 하지를 않으니 여전히 옆에서 거들어줘야 했다. 등원 준비를 할 때며 하원해서 집에 왔을 때 혼자 해보라고 지시하는 나와 하기 싫다며 누워서 빈둥대는 우주는 자주 대치를 했다. 어르고 달래기도 화내고 혼을 내기도 하다가 아이를 움직이게 하기 위해서는 '말의 기술'이 필요하다는 것을 깨닫게 됐다.

"엄마랑 누가 더 빨리 옷 입나 내기해 볼까?"

아이들은 지기 싫어한다. 그 상대가 어른이더라도 꼭 이겨야 한다. 이런 아이의 심리를 이용해 옷 입기 게임을 제안하면 하기 싫다며 누워 있던 아이가 순식간에 일어나서 움직인다. 이때 중요한 건이길 듯 이기지 않고 져주는 것이다. 엄마보다 더 빨리 해낸 아이에게 "아, 이길 수 있었는데. 다음번에는 꼭 이겨야지" 하며 아쉬워하는 말을 덧붙이면 아이는 옷을 입기 싫어했던 마음은 사라지고 다음번에도 엄마를 이겨야겠다고 다짐하게 된다.

"와, 벌써 입으려고 일어난 거야? 멋지다!"

아이가 옷을 입으려고 뭉그적거리는 순간부터 칭찬한다. 아직 시작도 하지 않았지만, 혹은 하려는 마음이 딱히 없었지만 엄마의 칭찬에 해보려는 마음이 든다. 계속 칭찬받고 싶기 때문이다. 스스로하는 것이 습관으로 자리 잡지 않은 경우에는 칭찬을 적극적으로활용하는 게 좋다. 단계별로 적절한 칭찬을 해주면 아이의 행동을지속시킬 수 있다. 그러다 혼자 하는 것이 어느 정도 익숙해지면 칭찬을 조금씩 줄여나간다. 스스로 하는 것이 당연해진 아이는 칭찬이 없어도 스스로 한다.

"어떤 부분이 어려워? 혼자 할 수 있는 것까지 하고 나머지는 엄마가
도와줄게."

처음부터 끝까지 옷 입기를 혼자 해보라고 하는 것은 아이에게 어
렵고 힘든 일로 느껴질 수 있다. 옷을 주며 혼자 입으라고 할 때는 하기
싫다며 징징대던 우주가 "할 수 있는 데까지는 해봐. 어려운 건 엄마가
도와줄게"라고 말하니 몸을 움직여 옷을 입기 시작했다. 이처럼 "엄마
가 도와줄게"라는 말은 아이에게 참 든든한 말이다. 아이가 스스로
하지 않는 이유는 혼자 하는 데 어려운 부분이 있어서일 수 있다. 그
럴 때는 아이가 부담을 내려놓을 수 있도록 든든한 지원군이 돼주자.

"네가 스스로 옷을 입으니 엄마에게 정말 도움이 돼."

우주가 혼자 옷을 입고 나면 이렇게 말했다. "엄마에게 도움이
돼. 고마워"라는 말은 아이에게 해줄 수 있는 최고의 칭찬이다. 사
람은 누구나 다른 사람에게 도움이 됐을 때 보람을 느낀다. 특히 내
가 좋아하는 사람에게 도움이 된다면 그 보람은 배가될 것이다. 아
이도 마찬가지다. 사랑하는 엄마에게 자신이 도움이 된다는 사실은
아이를 기쁘게 한다. 그리고 다음번에도 엄마에게 도움이 되기 위

해 수고스러운 행동도 기꺼이 할 것이다.

아이가 스스로 하기 싫어할 때는 무작정 "해야지" 하고 반복해서 말하기보다는 아이의 동기를 자극하는 말로 스스로 하는 것이 익숙해질 수 있도록 해주자. 앞의 네 가지 문장을 기억하고 아이에게 말해주면 서로 감정 상하지 않고 대화를 할 수 있으며 오히려 아이와의 관계가 돈독해질 수 있다.

두세 번 말해야 듣는 아이에게 잔소리하지 않는 법

거실에서 놀고 있는 우주에게 "우주야, 옷 입어"라고 말하며 옷을 옆에 두었다. 우주는 들은 체도 하지 않았다. 잔소리하는 게 싫어서 기다렸지만 10분이 지나도 옷을 입지 않고 계속 놀기만 했다. 나갈 시간이 다 돼서 "우주야, 옷 입어야지. 늦겠다"라고 말하니 바지를 주섬주섬 입고는 또 놀이에 열중했다. 아이들은 원래 한 번에 말을 듣지 않는다. 놀이에 열중하고 있을 때는 엄마의 요구가 잘 들리지 않는다. 이럴 때 아이 뒤통수에 대고 "엄마가 옷 입으라고 했지. 한 번 말하면 왜 말을 안 듣니?"라고 몇 번이고 잔소리를 하는 건 사이만 나빠질 뿐 아이가 옷을 입는 데 별로 도움이 되지 못한다. 이럴 때는 두 가지 방법이 도움이 된다.

첫 번째 방법은 마감 시간을 알려주는 것이다. 학교에서 학생들에게 문제를 풀게 할 때 타이머를 켜면 안 하던 아이들도 갑자기 연필을 들고 문제를 풀기 시작한다. 단순히 "문제를 풀어보자"라고 말하는 것보다 "5분 줄게. 풀어보자"라고 말하는 것이 동기부여에 효과적이다. 마감 시간이 끝나면 벌을 주거나 상을 주는 것도 아닌데 말이다. 또한 정해진 시간 동안 어느 정도 속도로 문제를 풀어야 하는지 스스로 조절해 보며 시간 관리 능력을 쌓을 수도 있다.

마찬가지로 아이에게 "긴 바늘이 12에 갈 때까지 옷 입는 거야"라고 하면 무작정 잔소리를 하는 것보다 훨씬 효과가 좋다. 단순히 마감 시간을 설정하는 것만으로 엄마가 자신에게 시킨 일이 '중요한 일'처럼 느껴진다. 타이머를 활용해 시간이 흐르는 모습을 눈으로 보게 하는 것 또한 도움이 된다. 이처럼 구체적인 마감 시간은 아이에게 언제까지 어떤 행동을 해야 하는지 정확히 알 수 있게 해 명확한 목표 의식을 갖게 한다.

두 번째 방법은 눈을 보고 짧고 간결하게 말해주는 것이다. 길고 장황하게 늘어놓는 잔소리일수록 아이에게 잘 전달되지 않는다. 특히 아이의 눈을 바라보지 않고 하는 말은 아이에게는 잘 들리지 않는다. 그러므로 놀이에 집중하는 아이에게 무언가를 시킬 때는 아이가 하던 것을 멈출 수 있도록 두 손을 잡고, 몸을 돌린 후, 눈을 바라보고 "옷 입어"라고 간결하게 말해야 한다. 그 뒤에 옷을 주면 된다. 내가 자주 하는 방법은 아이의 귀에 대고 속삭이는 것이다. 큰 소리로 얘기하는 것보다 작은 소리로 귀에 속삭이는 게 훨씬 더 전

두 배 쉬워지는 애 둘 육아 수업

달이 잘된다. 이때도 역시 아이의 귀에 대고 "옷 입어"라고 간결하게 말한다. 그 뒤에 아이가 하던 것을 멈출 수 있도록 손으로 옷을 잡게 하고 아이가 즉시 행동으로 옮기도록 도와준다. 이렇게 하면 두 번, 세 번 말하지 않아도 아이가 옷을 입을 수 있다.

스스로 하는 아이는 노는 것도 다르다

"우주와 은하는 어쩜 이렇게 혼자서 잘해요? 우리 애랑 같은 나이인데 너무 다르네요."

놀이터에서 놀고 있으면 아이들의 친구 엄마들이 종종 말한다. 또 우리 집에 어린이집 친구를 초대해서 같이 놀 때면 다들 우주와 은하가 집에서 스스로 하는 일을 보고 깜짝 놀란다. 내가 간식을 준비하면 식탁을 닦고 식기류를 꺼내서 갖다주는 일, 간식을 다 먹고 나서 치우고 식탁을 닦는 일은 우리 집에서 아주 자연스러운 일상이다. 또 손이 지저분해지면 시키지 않아도 스스로 손을 씻고 나오거나 화장실에 핸드타월이 없으면 트롤리에서 꺼내서 갖다 놓는 일도 마찬가지다. 다섯 살 이후부터 우주는 스스로 용변을 처리했고 화장실에 휴지가 없으면 휴지를 채워놓는 일 역시 스스로 한다. 여섯 살이 된 지금은 샤워도 거의 스스로 하고 샤워 후에 로션을 바르거나 옷을 골라 입는 일 역시 어른의 도움 없이 스스로 한다. 이제 내가 아이들을 돌보는 일은 거의 없고 아이들은 우리 집의 구성원으로서 각자의 역할을 하면서 서로 도움을 주고받고 있다.

아이들이 일상생활에서 혼자 할 줄 아는 것이 많아지자 생각하지 못한 변화가 생기기 시작했다. 바로 놀이 시간에도 독립적인 모습을 보이는 것이다. 예전의 우주는 늘 "엄마가 해줘. 난 못해. 어려워"라는 말을 자주 하는 아이였다. 한두 번 해보다가 잘 안 되면 금세 포기해 버리고 조금만 어려워 보여도 시도조차 하지 않으려고 했다. 놀이를 할 때도 늘 내가 도우미처럼 붙어서 우주의 놀이에 참여해야 했다. 없어진 장난감도 찾아줘야 하고, 놀다가도 잘 안 되는 것이 있으면 바로 도와줘야 했다. 그런데 어른의 도움 없이 스스로 할 수 있는 것이 많아지자 늘 의존적이기만 했던 우주는 혼자 하는 것을 즐기게 됐다. 사실 어떤 일을 혼자의 힘으로 해내는 것은 누군가의 도움을 받는 것과는 비교할 수 없을 정도로 큰 보람이 있다. 우주는 그 진실을 온몸으로 배우게 됐다. 그리고 그 경험은 일상생활 전반을 넘어 놀이 시간으로까지 확장됐다.

"처음에는 어려운 게 당연해. 계속하다 보면 잘하게 될 거야."

우주가 힘들어할 때마다 격려했던 말은 곧 우주의 말이 됐다. 자기 수준보다 조금 어려운 놀이를 할 때는 "처음이라 그래. 계속하다 보면 잘하게 될 거야"라고 스스로를 격려하며 잘 안 돼도 다시 시도

두 배 쉬워지는 애 둘 육아 수업

할 줄 알게 됐다. 나의 도움을 받지 않고 자신의 힘으로 해결하는 것이 당연해지자 혼자서도 재미있게 놀 수 있다는 것을 깨달았다. 오히려 내가 함께하려고 하면 "이건 나 혼자 해볼래" 하며 도움을 거절하기도 했다.

아이가 블록을 만들거나 퍼즐을 할 때 혼자 힘으로 해보면 성취감이 더욱 크다는 것을 깨닫게 된다. 그림을 그릴 때도, 종이접기를 할 때도 어른의 도움을 받고 만든 멋진 완성작보다 미숙하지만 스스로 만든 작품이 더욱 가치 있다. 그리고 매일 성장하는 작품을 보면서 혼자 애쓰는 시간이 쌓이면 결국 잘하게 된다는 자신에 대한 믿음이 확고하게 자리 잡는다. 아이를 믿어주는 것은 결국 아이가 자신에게 신뢰를 쌓을 수 있게 해주는 일이다.

우주만 키울 때는
밖에서 떼쓰고 드러눕는 아이를 보면

부모가 훈육을 제대로 안 해서
그렇다고 생각했는데

두 배 쉬워지는 애 둘 육아 수업

장소를 가리지 않고 시도 때도 없이
드러눕는 은하를 키워보니

그냥 아이의 기질이구나 싶다.

앉아서 집중력 있게 이것저것 배움을
즐기는 우주를 키울 때는

내가 잘 키워서 그런 줄 알았는데

두 배 쉬워지는 애 둘 육아 수업

이것저것 시도해 봐도 하루 종일 자동차만 굴리는 은하를 키워보니

그냥 아이의 취향이구나 싶다.

태어나서부터 지금까지 오직 자동차!

너무 다른 애 둘 육아

우주는 내 아들이지만 참 신기할 때가 많다. 6개월쯤에 책에 빠지더니 눈 떠 있는 내내 책을 읽어달라고 가져왔다. 그 덕분일까 9개월 정도에 사물이나 동물의 이름을 인지하기 시작했고 12개월에는 간단한 단어를 말했다. 관찰력도 뛰어나서 내가 보지 못한 세세한 그림까지 자세하게 보았고 기억력도 좋아서 어떤 때는 나보다 기억을 잘해서 놀란 적이 한두 번이 아니다. 흥미를 가지는 놀이도 얼마나 교육적인지 일찍부터 색칠하고 가위질하며 놀거나 퍼즐을 하면서 스스로 엉덩이 힘을 길렀다. 조금 커서는 시키지도 않았는데 숫자나 알파벳, 한글을 쓰고 놀았다. 또 심심하면 학습지를 꺼내서 혼자 공부도 하고 수백판이나 수 교구로 숫자놀이를 하기도 했다. 다섯 살이 되더니 종이접기에 빠져서 미니카나 팽이 등 복잡하고 어

두 배 쉬워지는 애 둘 육아 수업

려운 종이접기도 쉽게 해냈다. 우주는 뭐든 하면 잘할 때까지 끝을 보고 결국 해내는 끈기를 가진 아이였다. 또 언성 한번 높이지 않고 키울 만큼 우주는 자기 조절력이 높았다. 우주를 키우며 나는 이 모든 게 내가 잘 키워서 그런 것이라 착각하게 됐다.

그런데 은하는 우주와 달랐다. 은하는 내게 겸손을 알려줬다. 6개월 때부터 자동차에 빠진 은하는 눈 떠 있는 내내 자동차만 가지고 놀았다. 9개월은커녕 12개월이 돼도 고양이가 뭔지, 강아지가 뭔지 알지 못했고 책을 보여주면 덮어버리고 도망치기 바빴다. 우주가 어릴 때 좋아했던 책은 책장에서 먼지만 쌓여갔고 교구 역시 하기 싫다고 던져버렸다. 우주 옆에 앉아서 은하도 색칠놀이를 하자고 하면 10초도 집중하지 못하고 다시 자동차 장난감이 있는 곳으로 가버렸다. 고집은 얼마나 센 지 하루에도 수십 번 드러누웠고 놀이터에 나가면 난 늘 불쌍한 엄마가 됐다. 어린이집 선생님은 은하가 친구를 자주 때리고 규칙을 잘 지키지 않는다며 집에서 훈육을 제대로 하고 있는지 수도 없이 물으셨다. 은하를 키우며 나는 금쪽이 같은 아이를 키우는 부모를 이해하게 됐다.

반면 우주는 참 어려운 아이였다. 겁도 많고 예민하고 불안도 높아서 행여나 정서적으로 문제가 생기지 않을까 늘 노심초사했다. 나와의 분리를 무척이나 어려워했고 다섯 살이 될 때까지 어린이집에 울면서 등원했다. 놀이터에서 친구를 만나면 말도 못 붙이고 내 뒤로 숨었고 잠시도 내가 옆에 없거나 보이지 않으면 불안해했다.

밖에서 씩씩하게 놀고 처음 보는 사람에게 쉽게 다가가는 아이들을 보며 대체 어떻게 키워야 저렇게 될까 하며 부러워했다.

그런데 은하가 딱 그랬다. 늘 생글생글 웃고 낯도 가리지 않아 누가 안아주든 잘 노는 은하가 참 신기했다. 가끔 '내가 엄마인 걸 알까?'라는 생각이 들 정도로 아무에게나 잘 갔다. 은하는 무던하고 씩씩한 아이였다. 우주를 키우며 '내 탓'이라고 생각했던 많은 것이 은하에게는 아무 문제도 없이 잘 넘어갔다.

아이 둘을 낳아보니 '내 덕'이라고 생각했던 것이 '내 덕'이 아니었고, '내 탓'이라고 생각했던 것이 '내 탓'이 아니었다. 부모로서 하는 수많은 행동이 아이에게 영향을 미치는 것은 맞지만 그것이 절대적이고 유일한 것은 아니다. 내가 '그렇게' 하지 않았어도 아이는 '그렇게' 했을 텐데 어쩌면 내가 한 행동에 너무 큰 의미를 부여하는 것인지도 모른다. 그러니 너무 자만할 필요도, 너무 자책할 필요도 없다. 아이는 그저 생긴 대로 살아갈 테니.

아이의 자조 능력을
키우는 비결

숲어린이집에서 배운 지혜

은하가 16개월이 됐을 때 어린이집에 상담을 갔다. 집에서 조금
멀리 떨어진 숲어린이집이었는데, 생태 중심 교육을 한다는 점이
마음에 들어 우주와 은하 둘 다 그곳에 보내기로 했다. 당시 은하는
혼자 걷지 못하고 네 발로 기는 상태였다. 원장 선생님은 은하를 보
시더니 "우리 어린이집은 자주 산책을 하고 일주일에 두 번씩 숲에
갑니다. 어린이집에 입소하기 전까지 걸음마 연습 많이 시켜서 보
내주세요"라고 말씀하셨다. '아직 걸을 줄도 모르는 은하를 숲어린
이집에 보내도 될까?' 고민도 했지만 입소하기까지 2개월이나 남았
기에 시간을 믿어보기로 했다.

다행히 은하는 16개월이 끝나갈 때쯤 걸음마를 시작해 18개월이 됐을 때는 혼자 걸을 수 있게 되었고 3월에 숲어린이집에 입소했다. 그동안 우주를 보육 중심 어린이집에 보냈기에 숲어린이집의 규칙과 일정이 다소 빡빡하게 느껴졌다. 우선 차량이 오기 전에 가방은 아이가 메고 차 탈 준비를 미리 하고 있어야 했다. 가방에는 준비물도 꽤 많이 들어 있어 은하에게 다소 무겁지 않을까 싶었지만 그것은 아이의 몫이었다. 또 일주일에 두세 번 산책을 하거나 숲에 갔는데 어린이집에서 꽤 먼 거리임에도 걸어서 다녀왔다. 조금만 걸어도 안아달라고 보채는 은하가 멀리 떨어진 숲까지 걸어갈 수 있을까 걱정되는 마음에 선생님께 여쭤보기도 했지만 선생님은 잘할 수 있다고 걱정 말라고 하셨다.

몇 달 뒤 '숲 체험 도우미'를 하기 위해 어린이집에 가게 됐다. 은하의 교실에 들어가니 아이들이 선생님 앞에 옹기종기 모여 안전 수칙을 듣고 있었다. 24개월 전후의 아기들이 꽤 진지한 자세로 선생님 말씀을 듣는 모습이 낯설고 신기했다.

"오늘 많이 걸을 건데 선생님이랑 친구 손잡고 씩씩하게 걸을 거예요. 숲에 가서 선생님 없는 곳에 혼자 가지 않아요."

내가 우주에게나 할 법한 이야기를 은하와 은하 친구들에게 하는 선생님의 모습에 많은 생각이 들었다. "선생님, 아이들한테 그런 얘기를 하면 잘 알아듣나요?"라는 내 질문에 선생님은 "못 알아듣는 것 같아도 다 알아들어요. 얼마 전까지만 해도 손 놓고 마음대로 다

두 배 쉬워지는 애 둘 육아 수업

니던 아이들이 이제는 손을 꼭 잡고 안전하게 잘 걸어가거든요. 어려도 계속 얘기해 주면 배울 수 있어요."라고 하셨다.

안전교육을 마치고 숲으로 출발했다. 엄마가 와서 그런지 중간에 은하가 어리광을 피우기는 했지만 씩씩하게 숲까지 걸어갔다. 어린이집에서 숲까지의 거리는 내가 아이들과 한 번도 걸어보지 않았던 거리였다. 이 정도 거리라면 무조건 유모차를 타거나 차로 갔을 텐데 두 돌 정도밖에 안 된 아기들이 걸어간다는 사실이 정말 놀라웠다. 또 한 번 아이의 능력에 놀란 순간이었다. 숲에 가서 목을 축이기 위해 물을 마셨다. 아이들은 자기 가방에서 물통을 꺼내 물통 컵에 물을 부어 마셨다. 너무 많이 부어서 넘치기도, 마시다가 흘리기도 했지만 선생님들은 개의치 않고 스스로 마시도록 격려해 주셨다. 숲이라 위험하지 않을까 싶었지만 걱정과 달리 숲 안에도 아이들이 놀 만한 안전한 공간이 있었다. 그곳에서 아이들은 자유롭게 뛰어놀았다. 흙도 만지고 솔방울도 줍고 개미집을 구경하기도 했다. 나뭇가지를 주워 바닥에 끼적이기도 하고 준비해 간 해먹을 나무에 매달아 해먹 그네를 타기도 했다. 자연 속에서 자유롭게 뛰어논다는 것이 이런 것이구나 싶었다. 신나게 뛰어놀고 점심이 되자 아이들은 도시락을 꺼내 먹었다. 집에서는 다들 엄마가 따라다니면서 먹여주는 아이들일 텐데 신기하게도 스스로 맛있게 끝까지 잘 먹었다. 어린이집으로 돌아오는 길에 피곤에 지친 아이들 몇 명은 선생님에게 안겨 잠이 들었고, 체력이 남은 아이들은 씩씩하게 걸어서 돌아왔다.

이날 지금까지 가져왔던 편견을 완전히 깨게 됐다. 아직 어려서 할 수 없다고 생각했던 많은 것을 아이들이 해내는 모습을 목격했다. 어려서 이해할 수 없다고 생각했던 말도, 걸을 수 없다고 생각했던 거리도, 갈 수 없다고 생각했던 곳도 모두 아이가 해낼 수 있는 것들이었다. 할 수 없을 것이라고 어른들이 단정 지어 버리는 순간 아이들은 가능성을 잃어버린다. 반대로 할 수 있다고 믿어줄수록 아이는 할 줄 아는 것이 많아진다.

숲어린이집에 간 지 2년째, 우리 집은 주말에 가끔 숲에 간다. 길을 제법 잘 아는 우주를 따라 어린이집에서 출발해 우주와 은하가 노는 숲에서 하루 종일 놀기도 한다. 아이들이 숲에서 주로 하는 놀이를 따라 하기도 하고 아이들에게 숲에 대해 배우기도 한다. 숲어린이집에 간 뒤로는 아이들이 힘들다며 안아달라고 하는 일이 거의 없어졌다. "이 정도는 당연히 걸을 수 있지!" 하며 앞장서서 뛰어가는 아이들을 따라가는 것은 오히려 나와 남편이다. 아이들은 믿어주는 만큼 자란다.

자존감을 키워주는 아이템은 따로 있다

아이들을 1년 동안 숲어린이집에 보내면서 선생님께 배운 것이 많다. 이곳에서는 아이들의 능동성, 주도성, 독립성을 강조한다. 처음 입학식에 갔을 때 준비물이 까다롭고 많아 남편에게 투덜댔던 기억이 있다. 물통, 이불, 조끼 모두 원에서 제공하는 예스러운 것을 사용해야 했고, 가방은 천으로 만든 투박하고 커다란 디자인이 영 이상했다. 그래도 숲어린이집에 보내고 싶었기에 모든 준비물을 완벽하게 챙겨서 입소 준비를 했다. 그런데 아이들을 원에 보내고 며칠 뒤 은하 담임 선생님에게서 전화가 왔다.

"어머니, 은하가 운동화를 신기 힘들어해요. 찍찍이가 있는 걸로 보내주세요."

'운동화를 새로 사서 보냈는데 다른 운동화를 보내라니. 너무 까다로운 것 아닌가? 아직 20개월밖에 되지 않은 아기인데 선생님이 신겨주지 않고 스스로 신게 하다니.' 나 역시 은하에게 스스로 하는 힘을 길러주는 편이었지만 예전에 우주가 다녔던 어린이집을 생각하니 선생님의 요구가 조금은 과하게 느껴졌다. 하지만 은하가 힘들어한다는 말을 지나칠 수 없어 찍찍이가 있는 운동화를 신겨 보냈다. 하지만 그 뒤에도 잊을 만하면 선생님에게서 전화가 왔다.

"어머니, 은하 식판 가방 좀 바꿔주세요. 식판 가방이 너무 꽉 끼어서 은하가 식판 넣을 때마다 힘들어해요. 다른 친구들은 쉽게 넣는데 은하는 못 넣고 있으니 속상한지 울기도 해요."

식판을 살 때 세트로 온 식판 가방인데 바꿔달라고 하니 당황스러웠다. 그래서 집에서 식판을 가방에 넣어보았다. 평소에는 쉽게 넣었던 식판인데 은하가 스스로 넣을 거라고 생각하니 꽤 어렵게 느껴졌다. '어린이집에서는 은하가 식판도 스스로 정리하는구나' 하는 생각과 함께 '아이들은 훨씬 더 많은 것을 스스로 하는 힘이 있구나' 싶었다. 큰 식판 가방을 새로 사서 어린이집에 보낸 뒤 은하에게 "은하가 가방에 식판 잘 넣었어?" 하고 물어보니 "은하가 해떠!"라며 함박웃음을 지었다.

"어머니, 우주 식판 좀 바꿔주세요. 스스로 닫기 어려워해요."

이번에는 우주 담임 선생님에게 전화가 왔다. 잘 새지 않는 식판을 고르고 골라서 실리콘 식판으로 보냈는데 우주가 닫기 어려워한다고 했다. 사실 당연히 선생님이 닫아주실 거라고 생각했는데 이것 역시 우주가 닫는다고 생각하니 혼자 하기 어려울 것 같았다.

"우주야, 식판 닫기 어려워?"

"응, 다들 스스로 닫는데 나만 선생님이 닫아줘."

아이 입장에서 고르지 않은 준비물이 아이에게 불편한 요소가 될 수 있다는 것을 조금씩 알아가기 시작했다. 생각해 보니 양말도, 신발도, 옷도, 수저통도 모두 아이가 사용하기 편한 것을 고르기보다는 디자인이 예쁘거나 아이가 좋아하는 캐릭터가 그려진 것을 골랐다. 반면 어린이집에서 준 물품은 모두 아이가 사용하기 쉽고 편한 것이었다. 투박하다고 생각했던 가방은 얇은 천이라 숲에 자주 가는 아이들이 물통과 도시락통을 넣어도 무겁지 않았다. 물통 역시 젖병 소재로 만들어 가볍고 안전하며 스스로 열기 쉽고 손잡이가 있는 뚜껑에 물을 부어 먹을 수 있어 위생적이기까지 했다.

그 이후로도 "우주 어머니, 단추 있는 외투 말고 지퍼 있는 외투

두 배 쉬워지는 애 둘 육아 수업

로 입혀주세요", "은하 어머니, 크록스 신겨 보내지 말아주세요. 아직 걷는 게 미숙해서 자꾸 넘어져요" 등 아이들의 담임 선생님에게 종종 전화가 왔다. 처음에는 선생님의 요구가 부담스럽게 느껴졌지만 이제는 아이 입장에서 생각해 주고 전화까지 주시는 선생님께 감사한 마음이 들었다.

숲어린이집 선생님 덕분에 아이의 자조 능력을 길러주기 위해서는 아이가 사용하기 쉬운 아이템을 준비하는 것이 중요하다는 것을 알게 됐다. 너무 꽉 끼지 않는 양말, 통이 살짝 큰 바지, 신축성 있는 상의, 찍찍이가 있는 운동화, 지퍼가 있는 외투 등 아이들이 스스로 입고 벗기에 편한 아이템은 따로 있다. 아이가 "잘 안 돼. 엄마가 해 줘" 하면서 늘 짜증을 낸다면 아직 미숙해서 그럴 수도 있지만 정말로 아이가 하기 어려워서일 수도 있다. 다른 친구는 혼자 할 줄 아는데 내 아이만 늘 선생님의 도움을 받아야 하는 상황에 놓이면 아이의 마음속에는 '나는 잘 못하는 아이야'라는 좌절감이 자랄 수 있다. 반대로 타인과 함께 생활하는 공간에서 스스로 할 줄 아는 것을 인정받을 때 "나는 할 수 있어"라는 자존감이 자라날 수 있다.

스스로 잘하는 아이가 사는 집 만들기

우리 집 아이들은 외출했다가 돌아오면 신발을 가지런히 벗어서 정리한다. 집에 들어와 양말을 벗어 세탁 바구니에 넣고 화장실에 들어가 스스로 손을 씻고 수건에 손을 닦는다. 샤워 후에는 트롤리에서 속옷과 실내복을 꺼내 입는다. 목이 마르면 컵을 꺼내 정수기에서 물을 따라 마신다. "밥 먹자" 하는 소리에 자신의 수저를 챙겨 식탁에 놓고 의자에 앉는다. 밥을 다 먹으면 식기류를 싱크대에 넣고 화장실에 가서 손을 씻고 수건에 닦고 나온다. 하루 한 번 영양제를 스스로 꺼내서 먹는다. 이 모든 건 우리 집 아이들이 특별해서 가능한 일이 아니다. 아이 스스로 할 수 있는 환경으로 바꾸었더니 아이들에게 스스로 하는 힘이 길러졌다.

나는 육아 환경을 바꾸는 것을 어린이집 환경에서 힌트를 얻었다. 우주와 은하가 다니는 숲어린이집에 엄마 선생님으로 참여한 적이 있다. 어린이집에서 하루 동안 있어보니 아이들은 많은 것을 스스로 하고 있었다. 아이들이 스스로 할 수 있었던 건 바로 어린이집의 환경 덕분이었다. 어린이집 환경은 일반 가정집과는 달리 모두 아이의 눈과 손 높이에 맞춰져 있었다. 아이들은 어린이집에 가자마자 신발을 벗어 신발장에 넣고 가방에서 핸드타월을 꺼내 화장실에 있는 자기 고리에 걸었다. 세면대도 아이들이 스스로 씻을 수 있도록 낮은 위치에 있고 비누 역시 아이들의 높이에 맞춰져 있었다. 가방이며 외투를 보관하는 곳 역시 아이들 스스로 보관하고 꺼낼 수 있는 높이에 있었다. 이렇게 아이들 스스로 할 수 있는 환경을 조성해 놓고 자신의 자리를 지정해 선생님의 도움 없이 이 모든 걸

할 수 있게 된 것이다.

어린이집에서 스스로 잘하는 아이들이 집에서는 스스로 하지 않는 이유는 그 기회를 제공받지 못한 점도 있지만 환경이 조성되지 않았기 때문일 것이다. 아이가 쉽게 접근할 수 있는 환경을 제공해 주면 아이는 놀이처럼 모든 것을 즐기게 된다. 이날 이후 우리 집 환경을 어린이집처럼 아이가 스스로 쉽게 할 수 있는 환경으로 바꾸기 시작했다.

현관

외출하고 집에 오면 신발을 벗어 정리할 수 있도록 발자국 모양을 현관 바닥에 붙여놓았다. 아이들 얼굴을 출력해 각자 위치에 붙여놓으면 더 즐겁게 할 수 있다. 마스크 걸이도 아이들 손이 닿는 위치에 두어 외출할 때 스스로 빼서 쓰게 하고 집에 와서 다시 걸어놓도록 했다. 현관 바로 앞에 바구니를 두어 외출한 후 양말이나 옷을

발자국 모양과
옷 정리함

넣게 했다. 매일 똑같이 반복을 하다 보면 습관처럼 몸에 익어서 시키지 않아도 스스로 할 수 있다.

화장실

세면대 앞에는 발 받침대를 두어 스스로 손을 씻을 수 있게 했다. 물비누를 짜는 힘이 부족한 은하를 위해 자동 비누 거품기를 활용해 손을 가져다 대면 비누가 나올 수 있게 했다. 이렇게 하면 두 돌 전의 아이들도 부모의 도움 없이 스스로 손을 씻을 수 있다. 또한 아이들이 손을 닦을 수 있도록 수건걸이를 아이 손 높이에 걸어뒀다. 핸드타월을 교체해야 할 때는 트롤리에 있는 새것을 아이들이 직접 교체하도록 했다. 안방 화장실에는 샤워기를 우주의 손이 닿는 곳에 부착시켜 샤워할 수 있도록 해두었다. 등도 스스로 씻도록 긴 타월을 준비해서 보디샴푸와 함께 낮은 위치에 두었다.

낮은 수건걸이와
자동 비누 거품기

두 배 쉬워지는 애 둘 육아 수업

거실

트롤리에 로션, 아이들 옷과 기저귀를 넣어 화장실 앞 거실에 두었다. 샤워하고 나오면 스스로 옷을 골라 입도록 하기 위해서다. 우주는 샤워 후에 트롤리에 있는 로션을 바르고 스스로 팬티와 실내복을 꺼내 입는다.

거실 테이블 옆에 작은 쓰레기통을 두어 다 놀고 나온 종이나 테이프, 스티커 등의 쓰레기를 치울 수 있도록 했다. 자기 소유의 쓰레기통이 생겨 그곳에 쓰레기를 모으는 재미에 푹 빠진 우주와 은하는 엄마 아빠의 쓰레기도 자기가 치워주겠다고 한다. 아이들에게는 집안일 역시 놀이다.

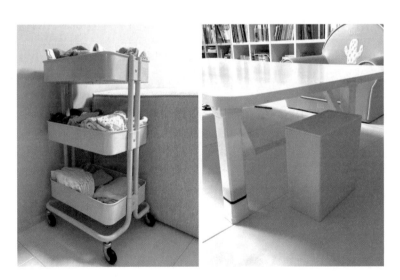

트롤리의 아이 용품   테이블 옆 쓰레기통

부엌

부엌장 한 칸에는 아이들의 식기류를 넣어뒀다. 컵, 수저, 그릇 등 깨지지 않는 종류의 식기류를 넣어두고 스스로 꺼낼 수 있게 했다. 식사 준비가 다 되면 아이들에게 자기 컵과 수저를 꺼내서 식탁에 놓게 했다. 반복적으로 하다 보면 "밥 먹자" 하는 소리에 몸이 반응해서 식사 준비를 스스로 하는 아이들의 모습을 볼 수 있다.

아이들 식기 칸

아이들이 손쉽게 할 수 있도록 집 안 환경을 재구성했을 뿐인데 정말로 아이들이 스스로 하기 시작했다. 그것도 잔소리를 들으며 하는 것이 아니라 즐기며 한다. 엄마 아빠만 하던 일을 자기도 할 수 있게 됐다는 사실은 아이에게 즐거운 일이다. 놀이처럼 시작한 일이 자연스럽게 습관으로 자리 잡도록 하는 것, 영유아기에만 할 수 있는 일이다.

아기 하나 키우느라 잠도 밥도 씻는 것도
포기했던 그 시절

하루가 어찌나 더디게 가던지 하루 종일
남편이 오기만을 목 빼고 기다렸다.

남편은 퇴근 후에도 아기 돌보랴 육퇴 후에는
밀린 집안일하랴 슈퍼 대디가 됐다.

남편이 늦게 오는 게 좋다는 선배 맘들과
얘기할 때면

두 배 쉬워지는 애 둘 육아 수업

내게는 영영 오지 않을 날인 것만 같아

그 여유가 너무 부러웠다.

시간이 흐르고 아이가 자라면서

나도 육아 짬밥이 생기게 됐다.

남편과 함께했던 많은 일을
이제는 나 혼자 척척 해내고 있다.

남편의 야근과 출장으로
독박육아를 하는 날이 늘어나면서

두 배 쉬워지는 애 둘 육아 수업

혼자 아이들을 돌보는 게 더 편하다는 선배 맘들의
말이 무슨 뜻인지 알 것 같기도 하다.

육아 짬밥을 먹는다는 건

남편은 참 자상한 사람이다. 임신과 출산의 고통을 옆에서 지켜보며 자기보다 작고 약한 내가 이 고통을 감내해야 한다는 것에 무척이나 미안한 마음을 갖게 됐다. 그래서일까 남편은 우주가 태어나고 슈퍼 대디가 됐다. 새벽 6시면 출근해야 하면서도 잠귀가 밝은 나를 위해 우주와 함께 자며 밤수유를 했다. 퇴근하고 와서도 바로 우주 목욕을 도맡아 하고 최선을 다해 우주와 놀아줬다. 내가 우주를 재우는 동안은 밀린 설거지며 빨래며 방 청소까지 다 했다. 우주가 돌이 될 때까지 내가 우주를 목욕시킨 건 열 손가락에 꼽을 정도였다. 이 모든 건 낮에 우주를 돌보느라 지친 나를 위한 일이었다.

우주가 어린이집에 다니면서 남편의 역할이 조금씩 내게로 넘어왔다. 우주가 어린이집에 간 동안 난 잠시나마 휴식을 가질 수 있었

두 배 쉬워지는 애 둘 육아 수업

다. 당시 은하를 임신해서 몸이 무겁긴 했지만 그래도 개인적인 시간을 가지니 마음에 여유가 생겼다. 물론 임신한 몸으로 집안일을 하는 건 쉽지 않았지만 온종일 우주를 돌보다 우주 없이 집안일을 하는 것만으로 기분 전환이 됐다. 회사에서 하루 종일 일하며 지친 남편의 모습이 이제야 눈에 들어오기 시작했다. 그러다 보니 '낮에 조금 쉬었으니 내가 좀 더 해야지' 하는 일이 점점 많아졌다.

'배 부른 몸으로 우주랑 놀이터도 가고 번쩍 안아주기도 하는데 샤워 정도는 껌이지.'

'낮에 쉬지 말고 미리 반찬이랑 청소 좀 해야지.'

이런 생각이 모여 내 역할이 하나둘 늘어났다. 나중에는 우주와 놀아주는 일을 제외하고는 나머지 일이 모두 나의 몫이 됐다.

은하를 낳고 나는 슈퍼 맘이 됐다. 아이가 한 명 늘었는데도 불구하고 청소도 음식 준비도 아이들을 씻기고 재우는 것도 모두 나의 일이 됐다. 조금이라도 미리 해서 빨리 하루를 마감하는 것이 남편에게 일을 미루는 것보다 낫다는 생각에서였다. 다음 날 출근하는 남편을 위해 은하의 밤수유도 내가 맡았다. 낮에 은하를 돌보는 일은 우주 한 명 키울 때에 비하면 수월했기에 은하를 돌보며 틈틈이 집안일을 하곤 했다. 나중에는 아이 둘을 혼자 돌보는 데 노련함까지 생기면서 우주 한 명을 키울 때는 상상도 못 했던 일을 나 혼자 척척 해내게 됐다. 가끔 남편이 출장을 가는 날이면 혼자서 아이 둘을 먹이고 씻기고 심지어 평소보다 일찍 재우고 홀로 여유를 갖기도 했다. 나 혼자 아이들을 돌보는 게 오히려 수월하다고 느껴지는 날도 있었다.

"남편이 늦게 왔으면 좋겠어. 남편 밥은 신경 쓰지 않아도 되잖아." 이렇게 말하던 어린이집 엄마들의 말을 이해하게 되는 날이 올 줄 몰랐다. 작고 여린 아기를 혼자 돌보는 날이 두려워 밤잠을 설치던 내가 이제는 남편의 도움이 필요하지 않다니. 이 정도면 짬밥 좀 먹은 상병 정도 되려나. 처음에는 막막하고 서툴기만 했던 육아가 자연스러운 일과가 됐다. 마치 사람이 의식주를 해결해야 하듯 이제 아이를 돌보는 일은 내가 살아가는 데 꼭 필요하고 당연한 일이 돼버렸다.

육아 짬밥을 먹는다는 건, 아이를 낳기 전의 삶을 잊고 엄마의 삶에 익숙해지는 일인 것 같다.

두 배 쉬워지는 애 둘 육아 수업

좋은 습관을 만드는
육아의 기술

등원 전쟁을 끝내는 방법

우주가 세 살부터 네 살까지 다니던 어린이집은 아파트 안에 있는 민간 어린이집이었다. 집 바로 앞에 작은 도로만 건너면 갈 수 있는 곳인 데다가 정해진 등원 시간이 딱히 없어 은하가 태어났을 때도 여유롭게 등원 준비를 할 수 있었다. 늦잠을 자면 늦게 등원하고 밥을 늦게 먹거나 옷을 늦게 갈아입어도 아무 상관이 없었다. 책을 더 읽고 싶어 하거나 더 놀고 싶어 하면 충분히 놀다가 느지막하게 등원했다. 그런데 우주가 다섯 살 때 다른 동네로 이사를 가게 되면서 상황이 달라졌다. 집에서 조금 멀리 떨어진 곳에 있던 숲어린이집의 아침 등원 차량 시간은 8시 20분이었는데 내게는 너무나도 이른 시간이었다. 게다가 은하까지 준비해서 등원시켜야 한다는 새로운 과제도 추가됐다. 등원 첫날부터 전쟁이 시작됐다. 아침 7시에 알람을 맞춰놓고 잠들었지만 밤늦게 자고 아침에 늦게 일어나는 게 습관이 된 나는 쉽게 일어나지 못했다. 겨우 7시 30분이 돼 일어나서 가방을 챙기고 아이들 옷을 꺼내고 먹을 것을 준비하고 아이들을 깨웠다. 늘 8~9시에 일어났던 우주는 잠에서 완전히 깨는 데 오래 걸렸다. 그리고 식사 후에는 꼭 과일 간식을 먹던 습관 때문에 시간이 다 됐는데도 과일 간식을 달라고 떼를 썼다. 옷을 입히려고 하면 입기 싫어서 도망을 갔고 양치할 시간은커녕 세수도 못 하고 부랴부랴 집을 나서야 했다.

이런 날이 반복되다 보니 등원 준비를 하면서 우주에게 소리를 지르고 화를 내는 날이 많아졌다. "그러니까 엄마가 빨리 하라고 했지!", "옷 입을 때 도망가지 말라고!", "신발 빨리 신어! 엄마 먼저 출발한다?" 이런 못난 말을 퍼붓고 등원을 시키고 나면 아이들이 없는 집에 돌아와 미안한 마음에 한참을 울기도 했다. '화를 내지 않고 평화롭게 등원 준비를 하는 방법은 없을까?' 내 머릿속은 온통 이 생각뿐이었다. 아침만 되면 아이의 꾸물거림을 지켜보는 것이 너무 힘들었다. '아이가 꾸물거리지 않고 스스로 준비할 수 있는 방법은 뭘까?' 며칠 동안 고민한 끝에 구체적인 해결책을 찾아냈다.

두 배 쉬워지는 애 둘 육아 수업

아침에 해야 할 일 목록 정하기

우주는 아침에 일어나서 꼭 해야 하는 루틴이 많았다. 이전 어린 이집은 8시에 일어나서 10시쯤 등원을 했기 때문에 천천히 밥을 먹고 영상을 보고 책도 읽고 놀고 싶은 장난감으로 맘껏 놀아도 늦지 않았다. 옷을 천천히 입어도, 현관에서 신발을 골라도 차를 타지 않았기에 충분히 기다릴 수 있었다. 하지만 8시 20분에 차량을 이용해야 하는 상황에서는 우주의 아침 루틴 대부분을 할 수 없게 됐다. 불필요한 루틴을 강제로 없애는 것보다 아이와의 대화를 통해 나중에 해도 될 일은 하원 후로 미루고, 아침에 꼭 해야 하는 일의 목록을 정해보았다. 하원 후에 아이와 간식을 먹으며 대화를 나눴다.

나   우주야, 아침에 어린이집 갈 때 시간이 부족해서 늘 바쁘잖아. 그래서 꼭 필요한 것만 하고 가는 게 좋을 것 같아. 어린이집 가기 전에 우주가 하는 일을 한번 이야기해 볼까?

우주   음, 밥 먹고 영상 보고 씻고 간식 먹는 거!

나   또?

우주   책 읽고 옷 입는 거.

나   그리고 장난감도 가지고 놀지. 그런데 엄마가 아침에는 뭐가 가장 중요하다고 했지?

우주   버스 시간 맞춰 나가는 거.

나　맞아, 버스 시간 맞춰 나가려면 아침에는 꼭 해야 하는 것만 하고 가야 해. 아침에 꼭 해야 하는 게 뭘까?

우주　밥 먹고 옷 입어야 해.

나　그리고 씻는 것도. 그럼 꼭 하지 않아도 되는 게 뭘까?

우주　영상, 놀기.

나　맞아, 영상 보고 책 읽고 장난감 가지고 노는 건 아침에 준비를 빨리 하는 날에 하는 걸로 하자. 그럼 앞으로 아침에 일어나서 밥 먹고, 씻고, 옷 입는 것만 하고 나머지는 어린이집 갔다 와서 하는 거야.

우주와 대화를 해서 스스로 중요한 일이 무엇인지 깨닫게 했다. 그리고 중요한 일을 위해 덜 중요한 일을 하원 후로 미룰 수 있었다. 부모가 임의로 "앞으로는 아침에 간식 안 줄 거야" 하고 정해서 통보하는 것보다 아이와 함께 아침에 꼭 해야 할 일의 목록을 정하면 아이를 존중할 수 있고 아이의 책임감 또한 기를 수 있다.

미리 준비하기

전날 밤에 우주와 함께 등원 가방을 챙겨보았다. 손 닦는 수건, 어린이집에서 대여한 책 등 준비물을 모두 챙겨 가방에 넣고 내일 입을 옷도 미리 정해보았다. 특히 아침마다 옷이나 신발을 고르느라 시간이 오래 걸리는 아이라면 전날 옷을 정하는 것이 도움이 된다. 아이가 어린 경우 엄마가 챙겨주면 가방에 넣는 것부터 시작하면 된다. 아이가 조금 자라면 아이와 함께 등원 가방을 준비하다 점차 엄마의 비중을 줄여나가 나중에는 아이 스스로 준비하게 한다. 하원 후에도 가방에서 물건을 꺼내 정리하는 일 역시 해보게 한다. 처음에는 잘 하지 않으려 해도 매일 똑같은 시간에 하다 보면 루틴이 만들어진다.

일찍 깨우기

평소보다 최소 30분 일찍 깨운다. 시간이 여유로우면 아이에게 할 잔소리가 반 이상 줄어든다. 처음에는 내가 아이들보다 일찍 일어나 아침을 미리 준비했다. 그러다 아이들이 아침에 일어나자마자 밥을 먹기 힘들어해서 맑은 정신으로 밥을 먹을 수 있도록 나와 같은 시간에 일어나도록 했다. 이때 "일어나야지!"처럼 잔소리로 깨우는 것이 아니라 기분 좋은 음악을 틀고 커튼을 활짝 열어 음식 준비하는 소리를 들려주는 게 좋다. 아이가 일어나기 전에 책상 위에 간단하게 할 수 있는 워크북이나 스티커북, 좋아하는 교구 등을 올려놓으면 엄마가 아침 식사를 준비하는 동안 아이는 혼자 시간을 보낼 수 있다.

우주가 두 돌이 될 때까지는 아침 식사를 성대하게 차려서 다 먹고 어린이집에 가도록 했다. 그런데 우주는 아침에 입맛이 좋은 편이 아니었다. 그러다 보니 밥을 1시간 동안 따라다니면서 먹이거나 영상을 보여주면서 먹여야 했다. 아침 식사를 든든하게 먹이기 위해 억지로 먹이다 보니 아이와 갈등을 빚는 경우가 많았다. 그래서 아이가 10분 만에 먹을 수 있는 간단한 음식을 준비해서 스스로 먹게 했다. 나도 우주 앞에 앉아 아이와 같은 메뉴를 먹었다. 누룽지, 삶은 달걀, 감자, 달걀토스트, 주먹밥 등 차리기도 간단하고 우주가 좋아하는 음식이다 보니 10분 만에 스스로 먹을 수 있었다. 영양가 있게 많이 먹이는 것도 중요하지만 바쁜 아침 시간에는 스스로 먹고 적절한 식사 시간에 맞게 마무리하는 것 또한 아이가 배워야 할 능력이다.

시간 예고

그동안은 우주가 꾸물대고 있으면 "우주야, 빨리 옷 입어", "우주야, 빨리 밥 먹어"라며 아이를 재촉했다. 하지만 그렇게 말한다고 아이가 서두른 적이 없었다. 오히려 내 목소리만 더 커질 뿐이었다. 그래서 아침 식사를 차려준 후 아이를 따라다니면서 잔소리하지 않고 대신 시간을 예고했다. "우주야, 긴 바늘이 5에 가면 밥 먹던 걸 끝내고 옷 입어야 해." 그 후 긴 바늘이 5에 가면 하던 식사를 끝내고 옷을 입을 시간이라고 알려줬다. "긴 바늘이 10에 가면 옷을 다 입고 양치를 해야 해." 시간을 알려줘도 처음에는 제대로 하지 않았다. 그런 경우에는 한 숟가락도 먹지 않았더라도 다음 단계로 넘어가야 한다는 것을 알려줬다. 그런 경험이 몇 번 쌓이다 보니 우주도 시간 안에 할 일을 수행해야 한다는 것을 배웠다. 아이가 너무 정신없이 노느라 아무것도 하지 않을 때는 시간을 한 번 더 알려준다. 빨리 하라는 말은 아이에게 너무 추상적이다. 하지만 구체적인 마감 시간을 알려주면 아이에게 목표가 생긴다. 잔소리는 허공에 퍼져 사라지지만 구체적인 목표는 아이를 움직이게 한다.

칭찬과 격려

우주에게 잔소리를 하고 싶을 때는 오히려 칭찬과 격려를 했다. 밥을 한 숟갈만 먹고 진전이 없어도, 바지만 입고 놀고 있더라도 스스로 해낸 것에 초점을 맞춰 칭찬을 했다. "우와, 벌써 한 숟가락이나 먹었네?", "언제 바지 입은 거야? 엄마 화장실 갔다 오면 다 입고 있는 거 아냐?"처럼 칭찬할 거리를 찾아내서 언급했다. 그럼 놀고 있다가도 얼른 밥을 먹고 옷을 입었다.

우리 집에는 더 이상 등원 전쟁은 없다. 아이에게 빨리 준비하라고 재촉하는 일도, 소리치는 일도 없다. 매일 아침 아이에게 화낸 것을 후회하는 시간도 없다. 아침에 일어나 옷을 준비해 놓고 밥을 차려놓으면 자기가 해야 할 일을 순서에 따라 한다. 어떨 때는 나보다 먼저 준비를 마치고 현관에서 기다릴 때도 있다. 등원 전쟁을 끝내기까지의 과정이 쉽지 않았지만 그 시간은 정말 값진 시간이었다.

초등학생이 됐다고 하루 아침에 학교 갈 준비를 스스로 하지 않는다. 어려서부터 엄마가 챙겨주던 아이는 커서도 엄마의 도움을 받는 데 익숙하다. 스스로 등원 준비를 하는 것은 일의 순서와 중요도를 아는 일이다. 또한 시간 약속을 지키기 위해서는 하고 싶은 놀이가 있더라도 자기 욕구를 조절해야 한다는 걸 아는 일이다. 유아기 때부터 일상생활에서 스스로 하는 힘을 기른 아이는 초등학교에 가서도 학교생활을 자기 주도적으로 할 수 있는 아이로 성장할 것이다.

반복이 루틴을 만든다

아이 둘을 키우면 힘들지 않냐는 질문을 많이 받는다. '내가 힘든가?' 하고 생각해 보면 요즘은 별로 힘들다는 생각이 들지 않는다.

하루 종일 아이들에게 잔소리할 일도 별로 없고 언성을 높일 일은 더더욱 없다. 아이 한 명도 키우기 힘든데 아이 둘을, 게다가 아들 둘을 힘들이지 않고 키울 수 있냐며 반문하는 사람들이 많다. 그 질문에 대한 답을 생각해 보니 우리 집에는 루틴이 있고 아이들은 그 루틴을 제법 잘 따르기 때문이라는 결론을 내렸다. 물론 처음부터 그랬던 것은 아니다. 우주는 네 살까지 늘 같은 문제로 나와 실랑이를 벌였고 은하는 세 살까지 동네에서 유명한 떼쟁이였다. 그때까지는 정말 육아가 힘들고 고달프다는 생각을 많이 했다. 하지만 은하가 네 살이 되면서부터 우리 집에 평화가 찾아왔다. 그전까지는 안 되던 것이 되기 시작했기 때문이다. 그동안 육아가 힘들었던 이유는 대부분 이런 것 때문이었다.

- 식사 직전에 간식을 달라고 떼쓰는 것
- 밥을 제대로 먹지 않고 간식을 달라고 떼쓰는 것
- 놀이터에서 놀다가 집에 들어가지 않겠다고 떼쓰는 것
- 사탕이나 젤리, 초콜릿 같은 간식을 자꾸 사달라고 떼쓰는 것
- 영상을 더 보고 싶다고 떼쓰는 것
- 양치나 샤워를 하지 않겠다고 떼쓰는 것
- 자러 갈 시간에 자지 않겠다고 떼쓰는 것

아마 부모 대부분이 스트레스를 받는 상황일 것이다. 우주는 오

랫동안 떼를 썼고, 은하는 한번 떼를 쓰면 강도가 아주 셌다. 하지만 은하가 세 돌도 되기 전에 우리 집에서는 이런 풍경이 사라지게 됐다. 물론 아직 은하가 떼를 쓰는 날도 있지만 그 정도는 웃으며 넘어갈 수준이다. 이제 우리 집 아이들은 위의 상황에서도 스스로를 조절한다.

간식 시간은 정해져 있어 식사 직전이든 직후든 간식을 달라고 떼쓰지 않는다. 놀이터에서 놀다가 10분 전부터 들어갈 시간을 예고하면 다음을 기약하고 집으로 향한다. 몸에 좋지 않은 간식은 특별한 날에만 먹는 것을 알기에 사달라고 보채지 않는다. 영상은 주로 주말에만 보고 30분 정도 보고 끄자고 해도 군소리 없이 끈다. 하원 후에 간식을 먹고 샤워를 하는 것과 잠자리 독서 전에 양치를 하는 것은 당연한 일이 됐다. 잠자리 독서가 끝나면 당연하다는 듯 스스로 방에 자리 들어간다.

아이들이 순응적이라 가능한 일이 아니냐고 묻는다면, 수면 교육이나 식습관 교육을 하게 된 이유를 다시 봐주길 바란다. 우주는 자기 싫어서 새벽 1시까지 떼를 썼고 세 돌이 될 때까지 밥을 안 먹고 간식을 달라고 매번 대치했다. 은하 역시 놀이터에서 집에 가자고 하거나 양치나 샤워를 하자고 하면 바로 누워버렸고 30분이 넘도록 비명을 지르며 거부했다. 그런 아이들이 변화할 수 있었던 이유는 어떤 날이건 한결같이 일관된 반응을 했기 때문이다. 매일 같은 시간에 간식을 주며 "간식은 간식 시간에, 식사는 식사 시간에"를 강조하면 결국 아이는 받아들인다. 하지만 어떤 날은 간식을 줬다가 어떤 날은 안 된다고 하면 아이는 떼를 써서 간식을 받아내려고 한다. 또한 자기 전에 양치를 하고 잠자리 독서를 하고 잘 시간이 되면 어김없이 자러 들어가는 걸 1년 동안 반복하면 결국 루틴이 된다. 그럼 그 시간에 자연스럽게 아이 몸이 자러 갈 준비를 마친다. 즉, 매일 같은 행동을 같은 시간에 반복하면 습관이 만들어진다. 생활 습관이 제대로 잡히지 않은 아이의 경우 대부분 일관되지 않은 육아 환경에 놓여 있을 가능성이 크다. 아이가 네다섯 살이 됐는데도 일상생활에서 늘 부딪힌다면 아이에게 일관된 루틴을 만들어줬는지 육아 환경을 되돌아볼 필요가 있다.

부모가 늦잠자는 주말 아침 루틴

아이들은 늘 이른 아침을 맞이한다. 그도 그럴 것이 밤 9~10시에 잠을 잤으니 당연히 아침 6~7시면 일어나야 하는 게 맞다. 하지만 아이들이 잠들고 나서 자유 시간을 맞이하는 부모는 일찍 잠들기 어렵다. 해야 할 일도 많고 하루 중 유일한 휴식 시간을 만끽하고 싶은 마음에 밤 12시나 돼서 잠이 드는 경우가 많다. 물론 부모도 아이처럼 일찍 자고 일찍 일어나는 게 좋지만 현실적으로 어렵다. 그러다 보니 새벽에 일어나는 아이가 "엄마, 일어나! 아침이야!"라고 깨우면 침대에서 쉽게 일어나지지 않는다. 평일이면 어쩔 수 없이 일어나지만 주말이면 늦잠을 자고 싶은 마음이 간절하다. 5시든, 6시든 아이가 일어나면 부모는 무조건 일어나야 하는 걸까? 나는 이 문제를 오랜 시간 고민했다. 그리고 꼭 그렇게 하지 않아도 된다는 결론을 내렸다. 왜냐하면 아이도 부모의 시간을 배려하는 법을 배워야 하기 때문이다. 아이는 부모의 희생을 당연하게 생각한다. 그건 아이가 악해서 그런 것이 아니라 늘 부모에게 배려받았기 때문이다. 그렇기 때문에 자기가 일어나면 부모도 일어나서 놀아줘야 한다고 생각한다. 물론 아침 일찍 일어나자마자 배고픔을 느껴 수유를 하고 돌봐줘야 하는 시기라면 부모 역시 일어나야 하는 게 맞다. 하지만 그 시기가 지나고 혼자 얼마간 있어도 위험하지 않은 시기라면 부모가 일어나는 시간을 고정해 두고 아이에게 부모의 기상 시간을 알려주는 것이 필요하다.

우주가 두 돌이 조금 지나서부터 "엄마는 아침 8시에 일어나(시계를 볼 줄 몰라도 이렇게 얘기해 주면 자연스럽게 엄마가 8시에 일어난다는 것을 알게 된다). 그러니 그전에 일어났으면 엄마가 일어날 때까지 하고 싶은 걸 하고 있으면 돼"라고 알려줬다. 물론 처음에는 "싫어. 엄마, 나가자. 일어나" 하고 보챘지만 나중에는 5분, 10분 점점 기다려주는 시간이 늘어났다.

이때 부모가 일어날 때까지 무작정 기다리게 하기보다는 아이가 기다릴 수 있는 환경을 만들어두는 게 중요하다. 먼저 아이가 일어

두 배 쉬워지는 애 둘 육아 수업

나서 먹을 간단한 음식을 식탁 위에 미리 준비해 둔다. 나는 금요일 밤이면 주말에 늦잠을 자기 위해서 아이들이 먹을 간단한 음식을 식탁 위에 차려놓고 잔다. 추운 겨울에는 쉽게 상하지 않는 감자나 삶은 달걀, 고구마, 빵, 토마토, 채소 등을 올려놓는다. 더운 여름에는 주로 누룽지를 반찬통

미리 준비해둔 아침 식사

에 넣어두면 우주가 정수기 물을 부어서 먹고 바나나, 멸균우유, 치즈 등을 후식으로 챙겨 먹는다. 요거트를 반찬통에 담아서 냉장고에 넣어두면 꺼내 먹기도 한다. 식기류 역시 아이 손에 잘 닿는 곳에 두거나 미리 꺼내두면 잘 챙겨 먹는다.

또 아이가 좋아하는 놀이를 책상 위에 올려놓고 잔다. 장난감이 너무 어지럽거나 정돈돼 있으면 아이는 어떤 것을 가지고 놀아야 할지 고민이 될 수 있다. 그래서 엄마에게 심심하다고 더 보채게 된다. 하지만 자기가 좋아하는 놀잇감이 잘 보이는 곳에 있으면 엄마를 찾지 않고 바로 그것을 가지고 놀 확률이 높다. 그래서 책상 위에 우주가 좋아하는 색종이, 색연필, 워크북 등을 가지런히 놓아두고 그 앞에는 은하가 좋아하는 자동차 퍼즐을 올려두어 아침을 먹고 난 후 놀면서 엄마 아빠가 일어날 때까지 기다릴 수 있도록 했다. 이

렇게 하니 아직 세 돌도 안 된 은하 역시 주말에 일어나도 우리를 깨우지 않고 우주와 함께 아침을 먹고 각자 놀고 싶은 걸 하면서 논다. 그 덕분에 우리 부부는 주말에 오전 9시가 넘어서 일어나는 경우가 많다.

아이가 일어나면 무조건 부모도 일어나야만 하는 것은 아니다. 아이가 평소보다 일찍 일어났을 때나 주말처럼 늦잠을 자도 되는 경우, 아이에게 '엄마도 피로를 풀 시간이 필요해'라는 메시지를 반복적으로 전해주면 아이도 부모를 배려하는 법을 배울 수 있다. 아이에 대한 희생과 배려가 부모가 아이에게 해줄 수 있는 전부는 아니다. 부모가 아이를 배려하듯 아이도 부모를 배려하는 법을 배워야 한다. 오늘부터 아이에게 알려주자.

"엄마도 엄마의 시간이 필요해."

용돈을 주면 일어나는 일

우주는 외출하고 나서 집에 들어오면 무조건 현관에 누웠다. 밖에서 놀다가 집에 도착하니 피곤하기도 하고 집에 가자마자 손을 씻고 옷을 갈아입는 일이 귀찮아서 그런 것 같았다. 집에 오면 바로 신발을 벗고 손을 씻었으면 하는 마음에 우주가 그럴 때마다 잔소리를 했다. 하지만 잔소리를 해도 우주는 듣는 둥 마는 둥 했고 가끔 언성이 높아지는 날도 있었다. '어떻게 하면 우주가 집에 도착하자마자 현관에 눕지 않고 바로 손을 씻게 할 수 있을까?' 늘 그랬듯 잔소리보다 육아 환경을 바꾸는 것이 도움이 됐기에 아이 스스로 하게끔 만드는 방법에 초점을 맞춰 생각했다. 고민 끝에 내린 결론은 바로 보상을 주는 것이었다. 내가 생각한 보상은 간식이나 칭찬 스티커가 아니라 바로 '용돈'이었다. 당시 우주는 돈에 관심을 가지기 시작했다. "엄마 나는 마트 주인이 되고 싶어. 마트에는 장난감이 많잖아"라는 소망을 시작으로 경제에 눈을 뜬 우주는 경제 동화책을 즐겨 읽었다. 책에 나온 주인공들은 대부분 용돈을 받았다. 우주도 책 속 주인공들처럼 용돈을 받고 싶어 한다는 것을 알고 있었기에 '용돈'을 통해 우주의 좋지 않은 생활 습관을 개선해 보기로 했다.

먼저 우주가 해줬으면 하는 것의 목록을 적어보았다. '집에 오면 신발 벗고 바로 들어와서 손 씻기', '옷 벗어서 빨래 바구니에 넣고 옷 갈아입기', '자기 전 양치할 때 하기 싫다고 미루지 않기', '샤워하고 옷 스스로 꺼내 입기' 이 네 가지는 우주에게 늘 잔소리하는 것들이었다. 나는 우주에게 이 네 가지를 지키면 하루에 용돈 200원을 주겠다고 약속했다. 우주는 생각보다 어렵지 않은 제안에 흔쾌히 동의하며 용돈이 생겼다고 좋아했다. 나는 우주와 약속한 네 가지를 체크리스트로 만들어 눈에 잘 보이는 곳에 붙여놓고 수행할 때마다 우주 스스로 체크할 수 있도록 했다. 그리고 전부 수행했을 때 하루에 200원을 용돈으로 줬다. 우주에게는 너무 쉬운 일이었기에 매일 용돈 200원을 받을 수 있었고 그 덕분에 우주에게 잔소리를 하지 않을 수 있게 됐다.

우주는 5일 동안 돈을 모아 1000원이 되자마자 장난감을 사러 가자고 했다. 약속을 잘 지켜서 용돈을 받으면 사고 싶은 장난감을 살 수 있다는 것을 경험시키기 위해 우주를 데리고 다이소에 갔다. 그곳에서 미처 생각하지 못했던 용돈의 순기능을 알게 됐다. 그동안 우주는 다이소에 가면 늘 장난감을 사고 싶어 했다. 물론 안 된다고 돌아온 날이 더 많지만 사도 된다고 허락한 날이면 별다른 고민도 없이 장난감을 덥석 집었다. 그 장난감은 집에 와서 하루 이틀 가지고 놀고 나면 찬밥 신세가 됐다. 그런데 용돈을 모아서 다이소에 간 그날, 우주는 장난감을 고르는 데 1시간이 걸렸다. 가지고 있는 돈으로 최대의 만족을 얻기 위해 고민에 또 고민을 하며 신중하게 장난감을 골랐다. 1시간 만에 1000원짜리 수수깡을 산 우주는 집에 와서 수수깡 한 개도 남기지 않고 알뜰하게 사용해 사자를 만들었다. 그리고 "다음번에는 좀 더 모아서 갖고 싶은 장난감을 살래"라고 말했다.

그날 이후 우주는 매일 용돈 200원씩 받아 저금통에 저축했다. 한 달 가까이 모은 5000원으로 지난번에 갖고 싶었지만 돈이 부족해서 사지 못했던 '자동차 변신 로봇'을 샀다. 우주는 더 큰 돈을 모으면 더 좋은 것을 살 수 있다는 사실을 알게 됐다. 그리고 마트에 가서 장난감을 보면 사달라고 떼쓰는 대신 가격을 확인했다.

"이건 9900원이네. 2000원만 더 있으면 살 수 있네."

"36000원? 우리 집에 있는 헬로카봇이 엄청 비싼 거였네."

이렇게 말하는 우주에게 "돈을 조금 모았다고 계속 써버리면 정말 갖고 싶은 걸 살 수 없게 돼"라고 말했다. 그날 우주는 마트에 올 때마다 하고 싶다고 조르는 뽑기를 하려다 말고 집에 돌아왔다.

올바른 생활 습관을 잡기 위해 준 용돈은 우주에게 더 큰 변화를 가져왔다. 잔소리 없이 할 일을 하게 된 것은 물론이고 경제 관념과 자기 조절 능력이 길러졌다. 용돈이 조금 모이면 전부 장난감을 사는 데 쓰던 우주는 나중에 큰돈이 필요하게 될 수 있으니 돈을 쓰지 않고 모아야 한다는 것을 깨우치게 됐다. 그런 우주에게 하나는 바로 써도 되는 돈, 하나는 혹시 모를 일을 위해 대비해 두는 돈으로 따로 모을 수 있도록 저금통 쪼개는 법을 알려줬다. 내가 스물다섯 살에 시작한 통장 쪼개기를 우주는 다섯 살에 배우게 된 것이다. 용돈을 준 덕분에 자기 주도적으로 용돈을 관리하는 능력까지 가질 수 있게 됐다.

우주가 용돈으로 장난감을 사는 것을 옆에서 지켜본 은하도 용돈을 받고 싶어 했다. 하지만 돈에 대한 개념이 부족한 은하에게 돈을 주면 쉽게 잃어버릴 것 같아 매일 칭찬 스티커를 달력에 붙여줬다. 그리고 우주가 장난감을 사러 갈 때 은하도 칭찬 스티커를 모아서 번 돈(칭찬 스티커 1개=200원)으로 은하가 갖고 싶어 하는 자동차를 사게 했다. 그랬더니 마트에 갈 때마다 자동차를 사달라고 떼쓰던 은하가 "칭찬 스티커 모아서 사야 하는 거지?"라며 장난감을 사 달라고 떼쓰지 않게 됐다. 어려서 이해하지 못할 거라 생각했던 은 하도 직접 경험하니 달라질 수 있었다.

'아이가 용돈을 잘 관리할 수 있을까? 아직 너무 어린 것 아닐까?' 싶어서 용돈을 주는 것이 망설여질 수 있다. 하지만 옷도 많이 사본 사람이 자기에게 어울리는 옷을 잘 사고, 사람도 많이 만나봐야 사 람 보는 눈이 생긴다. 마찬가지로 용돈을 받아 물건을 직접 사보면 돈을 관리하는 능력이 길러진다. 아이가 돈을 제대로 관리하지 못 할까 봐 걱정할 필요는 없다. 처음에는 잘 관리하지 못하는 게 당연 하다. 용돈을 받기 위해 욕구를 조절하고, 사고 싶은 장난감을 구입 하기 위해 계획을 세우고, 용돈이 모일 때까지 만족을 지연시키는 경험은 아이의 자기 주도 능력과 자기 조절력을 키울 수 있다.

나는 겉으로는
완벽주의 같아 보이지만

모두 해당 無

굉장히 허술한 사람이다.

어린이집 준비물을 늘 한두 개씩 빼먹는 건
기본이고

아이들이랑 놀다가도 피곤하면
그냥 자버리기도 하고

두 배 쉬워지는 애 둘 육아 수업

주말에는 낮이 다 되도록
늦잠을 잔다.

그 덕분에(?) 아이들은
스스로 잘 챙기고

알아서 잘 놀고

필요한 건 알아서 잘 해결한다.

부족한 내 덕에 오히려
아이들이 더 잘 크는 것 같기도 하다.

완벽하지 않은 엄마라도 괜찮아

은하를 낳고 나는 조금 느슨한 엄마가 됐다. 아이들이 일어나도 침대에 누워 더 자기도 하고 아이들이 잘 놀고 있으면 슬며시 방에 들어와 침대에서 혼자만의 시간을 갖기도 한다. 배고프다고 보채지 않는 이상 간식 챙겨주는 걸 넘어가기도 하고, 밥을 제대로 먹지 않았다고 따라다니며 먹이려고 애쓰지도 않게 됐다. 방학이면 아이들과 놀아야 한다는 부담감을 갖기보다는 오히려 아이들의 일손을 빌려 대청소를 하기도 한다. 아이들의 등원을 위해 분주하게 움직이는 평일보다 알람을 끄고 게으름을 피울 수 있는 주말이 더 좋다. 주말에 더 일찍 일어나는 아이들은 자기들끼리 시끌벅적하지만 나는 주말만큼은 늦잠을 즐긴다.

"내가 아침 차려놨어. 일어나면 밥 먹어" 하고 볼에 뽀뽀를 해주는 우주의 말을 듣고 화들짝 놀라며 잠에서 깼다. "아침을 차려놨다고?" 하니 우주가 "응, 나랑 은하는 두 그릇씩 먹었고 엄마 아빠 것도 여기 차려놨어" 하며 뿌듯해했다. 평소 아침으로 잘 차려주는 누룽지 남은 것을 반찬통에 넣어놨는데 누룽지에 물을 부어 아침을 차려놓은 것이다. 손이 잘 닿는 곳에 넣어둔 유아 그릇에 누룽지를 담아서 정수기 물을 붓고 은하 밥까지 야무지게 먹였다. 나와 남편의 밥까지 차려둔 우주를 보며 기특하고 고마워서 눈물이 핑 돌았다. 다섯 살 우주가 처음으로 차려준 아침이었다. 그 이후로 주말 전날이면 빵과 과일, 삶은 달걀, 고구마 등 아이들이 아침에 일어나서 스스로 찾아 먹을 수 있는 것을 꺼내놓고 잤다. 그랬더니 내가 꺼내놓은 음식뿐만 아니라 냉장고에서 우유나 치즈까지 꺼내 둘이 든든하게 아침을 먹었다. 덕분에 나와 남편이 푹 자는 동안 아이들은 배불리 먹고 우리가 일어날 때까지 재미있게 노는 게 일상이 됐다. 완벽하지 않은 부모가 때로는 아이들을 훌쩍 자라게 한다.

아이들이 다니는 숲어린이집은 매일 준비물이 다르다. 두 아이가 숲에 가는 날도 달라서 아이들의 준비물도 매일 다르다. 물론 건망증이 심한 탓도 있지만 다양하고 복잡한 준비물을 챙기다 보면 하나씩 빠뜨리고 가는 날이 더러 생긴다. 그런 날이면 우주는 하원 후에 내게 꼭 얘기해 준다.

"오늘 고리수건 안 가져갔어."

"오늘 숲복 입고 가는 날이었어."

"선생님이 물통 가방 들고 오래."

이런 말을 들으면 "어머 정말? 그래서 어떻게 했어?" 하고 우주에게 물어본다. 우주는 "괜찮아. 선생님이 빌려줬어"라든지, "다른 친구도 그런 적 있어. 다들 그래" 하며 걱정하는 내게 위로의 말을 건넨다. 조금은 허술한 엄마를 둔 덕분에 우주는 모든 사람은 완벽하지 않으며 실수해도 괜찮다는 인생살이를 배웠다. 게다가 자주 깜빡하는 내가 잘 챙길 수 있도록 준비물을 재차 확인해 주기도 한다.

"오늘 숲에 가는 날이야. 과일 도시락 넣었지?"

"선생님이 오늘까지 편지(가정통신문) 들고 오라고 했어."

우주 덕분에 깜빡하고 놓칠 뻔했던 준비물을 제대로 챙겨간 적이 한두 번이 아니다. 고작 대여섯 살밖에 되지 않은 아이가 벌써 이렇게 든든하고 고마운 존재로 자라났다. 나의 허술함을 때로는 아이가 채워줄 수 있다니, 이래서 우리가 가족인가보다.

두 배 쉬워지는 애 둘 육아 수업

Q **24개월 된 아이가 뭐든지 혼자 하려고 하는데 안 되면 짜증 내고, 해주면 난리가 나요. 안 될 때 울거나 짜증 내면 포기할 때까지 기다려야 할까요?**

"내가 할 거야" 시기가 있어요. 그 시기는 스스로 하는 힘을 길러주기 좋은 타이밍이에요. 뭐든 혼자 하려고 할 때는 잘 못하더라도 일단 혼자 할 수 있도록 기다려주세요. 지켜보는 게 힘들다면 위험한 것을 치우거나 아이를 안전한 곳으로 옮긴 후에 아이와 잠시 떨어져 있어도 괜찮아요. 그런데 아이 수준보다 훨씬 어려운 과제는 잘 안 돼서 짜증을 내는 경우가 더러 있어요. 그럴 때는 지켜보고 있다가 아이가 하기 쉬운 환경을 만들어주세요. 입기 쉬운 헐렁한 옷이나 지퍼가 있는 옷, 신기 쉬운 크록스나 찍찍이 신발, 가지고 놀기 쉬운 큰 퍼즐, 큰 블록 등을 준비해서 아이가 성공할 수 있게 도와주세요. 엄마가 도와주다가 마무리를 할 때 아이에게 성공 기회를 주면 아이는 혼자 하는 것에 즐거움을 느낄 거예요. 혼자 하다가 짜증 내고 포기할 때까지 내버려두기보다는 성공할 수 있는 타이밍에 적절히 개입하는 게 좋아요.

Q **첫째 아이 혼자 잘하다가 동생에게 해주는 걸 보면 자기도 관심받고 싶어서 엄마보고 해달라고 하네요. 이럴 때는 어떻게 해야 할까요?**

동생은 챙김을 받고 첫째인 자신은 챙김을 받지 못하는 걸 보며 엄마가 챙겨주는 것을 사랑의 표현이라고 생각할 수 있어요. 물론 두세 번 정도는 첫째도 챙겨줘도 되지만 확실하게 알려주는 것도 필요해요. 엄마가 동생을 챙겨주는 건 너보다 동생을 더 사랑해서 그런 것이 아니라는 걸 말이에요. "동생은 지금 형아가 되려고 열심히 연습 중이야. 스스로 하는 건 엄청 대단한 거거든. 너도 어릴 때는 엄마가 옆에서 이렇게 도와줬어. 그런데 연습을 많이 해서 이제는 스스로 할 줄 아는 대단한 아이가 됐잖아" 하고 꼭 안아주세요. 옷을 입거나 밥을 먹을 때 외에도 아이에게 관심을 주고 챙겨줄 수 있어요. 첫째 아이가 좋아하는 장난감을 함께 갖고 놀거나 좋아하는 음식을 준비해서 첫째에게 관심을 표현해 주세요. "네가 좋아하는 거지? 엄마가 너를 위해 특별히 준비했어." 결국 아이가 원하는 것은 엄마의 사랑과 관심이랍니다.

Q 아이가 스스로 하도록 기다리는 게 너무 힘들어요. 성격이 급해서 그런가 아이를 보고 있으면 답답한 마음에 손부터 먼저 나가버려 결국 제가 다 해주고 있네요. 아이를 잘 기다리는 방법이 있을까요?

시간적 여유가 별로 없을 때 특히 답답함을 느끼게 돼요. 바쁠 때는 그냥 해줘도 괜찮아요. 너무 부담 갖지 마세요. '무조건 아이 혼자 해야 해'라는 마음을 가질 필요는 없어요. 시간 여유가 있고 마음에 여유가 있을 때 시도해 보세요. 그리고 시간에 쫓겨서 답답함을 느끼지 않으려면 미리 준비하는 게 중요해요. 외출 준비를 한다면 더 일찍

두 배 쉬워지는 애 둘 육아 수업

일어나서 미리 준비하는 거예요. 만약 자꾸 도와주고 싶은 마음이 들면 아이에게 맡겨놓고 잠시 다른 일을 하고 오는 게 좋아요. 한참 뒤에 가보면 엉뚱하더라도 스스로 노력한 흔적이 보일 거예요. 그런 시도가 모여 스스로 하는 힘이 길러져요.

Q **양치를 꼭 혼자 한다고 하네요. 충치가 생길까 봐 양치는 제가 꼭 마무리해 주고 싶은데 칫솔을 절대로 주지 않아요. 양치도 혼자 하려고 하는 아이는 어떻게 하나요?**

양치질을 스스로 하는 것은 독립심을 길러주기에 좋은 기회이지만 충치 예방을 위해서는 꼼꼼하게 닦는 것도 중요한 일이에요. 양치질에 대한 흥미를 지속시키면서 올바른 양치 방법을 알려줘야 해요. 그렇게 하기 위해서는 아이를 붙잡고 강제로 양치를 시키지 않는 게 좋아요. 그렇게 몇 번 하다 보면 아이가 양치 자체를 거부할 수도 있어요. 아이가 칫솔로 먼저 자기 입안을 탐색할 수 있는 시간을 충분히 주세요. 그다음에 "엄마가 마지막으로 충치 벌레 잡아줄게"라고 마무리해 주면 돼요. 만약 이때 칫솔을 주지 않으려고 하면 다른 아기용 칫솔을 한 개 더 준비해서 아이는 아이대로, 엄마는 엄마대로 칫솔질을 해주세요. 물론 충치가 생기지 않도록 완벽하게 닦으면 제일 좋지만 칫솔질보다 더 중요한 것은 이가 상하는 사탕이나 젤리를 자주 먹지 않는 것이에요. 충치가 잘 생기는 음식을 멀리하는 것만으로도 충치를 예방하는 데 효과가 좋아요. 양치 시간을 즐겁게 보내다 보면 아이가 부모에게 칫솔을 건네는 날이 올 거예요. 그런 날에는 보상을 주고 칭찬해 주세요. 이렇게 하면 긍정적인 양치 습관을 기를 수 있어요.

Q **아이가 스스로 하는 데 너무 오래 걸려요. 하나 하고 다른 거 하고, 하나 하고 다른 거 하고 옷 입는 데 40분이 걸리네요. 좀 더 집중해서 하는 방법은 없을까요?**

....

아직 주의력이 약해서 그래요. 주의력은 하기 싫은 일이나 좋아하지 않는 일에도 의식적으로 집중을 기울이는 능력이에요. 주의력은 사람마다 다르지만 유아기 때는 특히 발달되지 않아서 아이가 하나의 일에 집중할 수 있도록 도와줘야 해요. 잔소리를 여러 번 하는 것은 아이에게 와닿지 않고 소음으로 느껴질 뿐이에요. 마감 시간을 알려주고 중간중간 남은 시간을 알려주세요. 그리고 다른 일로 관심이 전환됐을 때는 아이에게 가서 간결하게 "옷 먼저 입자" 하고 말해주세요. 손에서 장난감을 놓게 하고 다시 옷을 갖다주는 거예요. "긴 바늘이 5에 갈 때까지 입자." 이 과정을 반복하다 보면 주의력이 높아질 거예요.

두 배 쉬워지는 애 둘 육아 수업

부록

5~7세 유아 학습 시작하기

　보통 첫째 아이가 수면, 식습관, 훈육이 자리 잡는 5~6세가 되면 학습에 대한 걱정이 시작된다. 특히 아이 둘을 키우며 생존 육아를 하느라 엄마표 영어는 영상 몇 개 틀어주는 것 외에는 손도 대지 못했고, 책은 읽어준다고 애썼지만 한글 교육을 어떻게 해야 할지, 또 숫자와 수 감각은 어떻게 키워야 할지 고민이다. 주변에서는 영어 유치원이며 학습지를 한다는 얘기가 들리고 우리 아이만 늦은 것은 아닌지 걱정이 많아진다. 생존 육아의 큰 산을 넘었다고 생각했는데 교육이라는 새로운 산이 눈앞에 성큼 다가오면 또다시 불안이 시작된다. 아직은 육아 현실에서 버티는 게 일상이지만 생각보다 빨리 다가올 5세 이후 유아기에 신경 써야 할 유아 학습에 대해 미리 알아두면 좋을 몇 가지를 덧붙이고자 한다.

유아 문해력

책 싫어하는 아이는 '이렇게'

> ### 책 좋아하는 첫째, 책 거부하는 둘째

우주는 어려서부터 책을 좋아했다. 오죽했으면 12개월 무렵 일어나서 잠들기 전까지 하루 종일 책만 봐서 무슨 문제가 있는 건 아닐까 걱정을 하기도 했다. 책을 좋아하는 아이를 둔 탓에 집에는 책이 넘쳐났다. 여섯 살인 지금까지도 책을 좋아해 책 읽는 소리가 나면 좋아하는 영상도 멈추고 그곳으로 달려간다. 아침에 일어나자마자 책장 앞으로 가서 한참 동안 책을 보기도 한다.

하지만 은하는 달랐다. 6개월 무렵 자동차에 빠지더니 오직 자동차만 가지고 놀았다. 책을 보여주면 덮어버렸고 도망 다니기 바빴다. 우주가 즐겨 읽었던 수많은 책은 은하의 간택을 받지 못하고 책장에 전시돼 있었다. 모든 아기가 좋아한다던 책도 은하는 듣기 싫다며 덮어버렸다. 책을 싫어하는 아이도 있는가 보다 하고 체념할 무렵, 타요 장난감을 좋아하는 은하를 위해 타요 책을 사줬다. 사실 내 기준에 타요 책은 작품성이 떨어지는 책이기에 사주면서도 내키지는 않았다. 하지만 은하는 타요 책을 기점으로 책의 세계에 풍덩 빠져버렸다. 글밥이 꽤 있는 타요 책을 여러 번 반복해 읽다 보니 스토리가 있는 책을 읽기 시작했고 다른 책에도 흥미를 느끼기 시작했다. 덕분에 자동차만 굴리고 놀던 은하는 이제 책을 읽어준다고 하면 박수를 치며 즐거워한다.

알아서 책을 좋아하게 된 우주와 취향에 맞는 책을 찾은 덕분에 책의 세계로 입문하게 된 은하를 키우며 아이들은 이야기를 참 좋아한다는 걸 알게 됐다. 책을 좋아하지 않는 아이도 책의 매력을 알게 되면 책에 몰입할 수 있다. 아이들은 책을 안 좋아하는 것이 아니라 아직 책이 재밌다는 것을 모를 뿐이다. 책을 보면 덮어버린다고 '우리 아이는 책을 안 좋아해'라며 부모가 단정 지어버리면 아이는 책과 멀어질 것이다. 대신 책을 좋아하지 않는 아이도 책의 매력을 알게 되면 책에 몰입할 수 있다.

간식 시간을 활용하자

아이가 책을 좋아하게 하는 방법은 수없이 많다. 간식 시간을 활용해 책을 읽어주면 그때만큼은 책에 집중한다. 특히 책을 읽는 경험이 부족한 아이일수록 이 방법이 효과적이다. 책을 좋아하지 않던 은하도 간식 시간만큼은 책에 집중했다. 그리고 간식을 먹으며 집중해서 읽은 책은 또 읽어달라며 가져오기도 했다. 재밌게 읽은 책을 평소에 잘 보이는 곳, 특히 거실 바닥에 두면 아이가 그 책을 또 읽어달라고 한다. 한 권의 책이 두 권, 세 권이 되고 그러다 자연스럽게 책을 좋아하는 아이가 된다.

텍스트를 다 읽어주지 말자

책을 거부하는 아이를 붙잡고 처음부터 끝까지 책을 읽어주려고 하면 아이는 더 도망을 갈 것이다. 특히 어린아이일수록 책에 나온 텍스트를 읽어주기보다는 그림을 짚으며 대화해야 한다.

"나비가 훨훨 날아가요"라고 읽어주지 말고 "이게 뭘까? 이건 나비야. 우리 지난번에 나비 봤지?" 하고 책을 도구 삼아 아이와 대화하는 것이다. 텍스트를 읽어줄 때와 대화할 때는 목소리 톤부터 다르게 한다.

두 배 쉬워지는 애 둘 육아 수업

또한 아이가 좋아하는 페이지가 있다면 그 페이지부터 시작하는 게 좋다. 책 속에서 아이가 좋아하는 그림을 찾아보자. 자동차를 좋아하는 아이라면 자동차 그림이 나오는 페이지를 펴고 "여기 우리 은하가 좋아하는 자동차가 있네" 하고 말해주자. 그 페이지만 보고 덮어도 된다. 이런 시도가 아이에게 책에 대한 흥미를 줄 수 있다.

아이가 좋아하면 좋은 책이다

좋은 책, 좋지 않은 책의 기준을 허물어야 한다. 아이가 좋아하면 내 아이에게 좋은 책이고 아이가 좋아하지 않으면 내 아이에게 맞지 않는 책이다. 아무리 비싼 책이라도 아이가 자주 찾지 않으면 미련을 버리자. 아이가 읽기 싫어하는데도 비싸고 좋은 책이라고 자꾸 읽자고 하면 아이는 책을 더 싫어하게 된다.

또한 아무 스토리도 없고 단어와 실사만 나열된 책이라도 아이가 좋아하고 읽고 싶어 한다면 존중해야 한다. 그 책만 들고 오는 것도 길어봤자 한두 달이고 일단 책에 재미를 붙여야 다른 책도 읽게 된다. 매일 같은 책만 가져와도 골고루 읽혀야 한다는 부담을 내려놓고 일단 읽어주자.

도서관에 가야 배울 수 있는 것

도서관에 자주 가는 것 역시 의미 있다. 얌전하고 책을 좋아하는 우주와는 도서관에 가는 일이 아주 편했다. 그런데 은하는 워낙 활동적이고 목소리도 커서 도서관과는 잘 맞지 않았다. 하지만 은하 때문에 도서관에 가는 즐거움을 잃고 싶지 않아 우리 가족은 은하가 두 돌이 되기 전부터 도서관에 갔다.

물론 처음에는 10분도 안 돼서 은하와 남편이 도서관 밖으로 나가야 했다. 하지만 도서관에 가야 도서관 예절을 배울 수 있는 법이라는 생각에 주말마다 꾸준히 갔다. 그랬더니 은하가 도서관에서 머무는 시간이 조금씩 늘어갔고 두 돌이 지나고부터 제법 오래 집중해서 책을 읽게 됐다. 세 돌이 다 되어가는 지금은 도서관에 가는 날을 기다릴 만큼 좋아한다.

아이마다 책을 좋아하게 되는 순간은 다 다르다. 책에 나오는 그림 때문일 수도 있고, 엄마 품에 앉아서 듣는 엄마 목소리 때문일 수도 있다. 내 아이가 책의 매력에 빠지는 순간, 부모는 그저 읽어주기만 하면 된다. 편견도, 의심도 없이 다정하고 따스한 목소리로.

두 배 쉬워지는 애 둘 육아 수업

문해력을 키우는 책 읽기는 따로 있다

　우리 학교 도서관에는 책을 많이 읽는 학생들의 명단이 붙어 있다. 학생들의 이름을 찬찬히 살펴보며 한 가지 의문이 들었다. 공부를 잘하는 학생들의 이름이 없다는 것. 분명 책을 많이 읽으면 문해력이 좋아진다고 하는데 다독자 명단에는 공부를 잘하는 학생들이 없었다. 국어 수업 시간에 학생들을 관찰하며 학업성적이 우수한 학생들에게 책을 많이 읽는지 물어보았다. 그중 몇몇은 책을 좋아하고 많이 읽었지만 책 읽는 것을 싫어하는 학생도 꽤 있었다. 나 역시 책 읽기를 좋아하는 학생은 아니었다. 하지만 늘 학교 성적은 전교 상위권이었고 수능에서도 꽤 좋은 점수를 받았다. 반면 책벌레였던 친구는 늘 책을 끼고 살았지만 성적은 하위권이었다. 문해력과 책, 그리고 학업 성적은 어떤 관련이 있는 걸까?

　학업 성적이 좋은 아이들은 문해력이 높다. 왜냐하면 문해력은 글을 읽고 이해하는 능력이기 때문이다. 문해력을 기르기 위해서는 일단 책을 읽어야 한다. 하지만 책을 단순히 많이 읽는 것보다 어떤 책을 어떻게 읽느냐가 더 중요하다. 단숨에 책을 완독해 버리는 것보다 정독하는 것이 문해력을 키우는 데 더 도움이 된다. 자기 수준에 맞는, 혹은 자기 수준보다 살짝 높은 책을 추론적, 논리적, 비판적 독해 과정을 거쳐 정독하면 글을 읽고 이해하는 능력이 높아져서 긴 글도 깊이 있게 이해할 수 있다. 그러므로 아이에게 단순히 책을 많이 읽어주기보다는 질문하며 읽어주는 것이 좋다. 특히 아이 수준보다 높은 책일수록 적절한 질문과 설명을 통해 아이의 이해를 도와야 한다.

우주는 여섯 살이 되면서 위인전에 관심을 가지기 시작했다. 그런데 위인전에는 여섯 살이 이해하기에 다소 어려운 단어들이 나온다. 우주가 좋아하는 위인 이순신 책에는 '무과시험', '무관', '여진족', '오랑캐', '왜군' 등 역사적 지식이 필요한 어휘가 많이 등장한다. 여섯 살이 읽기에 다소 높은 수준이지만 아이가 위인전을 좋아한다면 책을 통해 자연스럽게 역사와 관련된 어휘를 익힐 수 있다. 초등학교에 들어가서 학습을 통해 역사를 배우는 것보다 위인전을 읽으며 배우는 것이 아이에게 훨씬 즐겁고 더 의미 있는 학습이 될 수 있다. 또한 처음에는 어렵게 느껴지던 책도 반복해서 읽다 보면 어느새 그 책을 이해할 수 있는 수준에 도달할 수 있다. 그러므로 아이 수준보다 어려운 책을 읽어줄 때 어려운 단어가 나오면 단어의 의미나 역사적 배경을 설명하면서 읽어주는 것이 좋다. 아이도 내용이 이해돼야 책에 푹 빠질 수 있기 때문이다. 한글을 스스로 읽는 아이도 혼자 책을 읽기보다는 부모가 읽어주면서 질문과 설명을 곁들이는 것이 중요하다. 그리고 문맥을 통해 파악할 수 있는 단어는 그

의미를 직접 추론해 보도록 한다. 책을 읽다 보면 아이가 먼저 질문을 하기도 한다. "대비가 뭐야?"라고 질문한다면 단어의 뜻을 바로 알려주기보다는 '대비'가 쓰인 문장을 다시 읽어주며 문맥 속에서 의미를 파악할 수 있도록 도움을 주는 게 좋다. "이순신 장군이 '적이 쳐들어오기 전에 미리 대비해라'라고 했지? 쳐들어오기 전에 미리 하라고 했으니 어떤 말이랑 비슷한 걸까?"라고 질문하면 아이는 "준비하는 거?"라는 답을 유추해 낼 수 있다. 아이와 책을 읽으며 부모와 함께 단어의 뜻을 추론하는 연습을 통해 아이 스스로도 단어의 뜻을 추론할 수 있게 된다. 어휘력은 책을 많이 읽기만 한다고 높아지는 것이 아니라 책을 읽으며 문맥을 통해 스스로 추론하는 능력을 키워야 높아질 수 있다.

맥락을 파악하고 인물의 행동 추론하기

짧은 이야기책을 지나 긴 호흡의 책을 읽다 보면 아이가 이해하기 어려운 대목이 나온다. 그럴 때는 아이가 의미를 제대로 이해하지 않고 넘어가게 되는데, 실제로 책을 읽기만 하고 내용은 제대로 파악하지 못하는 경우가 많다. 책에 나온 이야기와 인물의 관계나 갈등을 제대로 이해하기 위해서는 정독이 필요하다. 정독을 위해 부모가 옆에서 적절한 질문을 해주며 책을 함께 읽는 것이 좋다.

"이순신 장군은 왜 임금의 명령을 어겼을까?"

"이순신 장군은 왜 죽으면서 자신의 죽음을 알리지 말라고 했을까?"

"전쟁에서 이긴 군사들은 왜 슬퍼하며 울었을까?"

이런 질문은 아이의 이해도를 점검하고 아이 스스로 인물의 행동을 추론할 수 있도록 도움을 준다. 문해력이 높은 사람은 사실적 이해를 넘어 추론적 이해, 비판적 이해를 잘하는 사람이다. 단순히 텍스트를 읽고 그 내용을 파악하는 것은 사실적 이해 단계에 머물러 있는 것이다. 그냥 책을 읽어주기만 하면 아이의 사고 과정은 사실적 이해 단계에서 끝난다. 하지만 주제를 파악하고 행간의 의미를 이해하기 위해 그 이상의 단계로 넘어가야 한다. 학교 교과서에 나오는 학습 활동 역시 이 단계를 밟아나간다. 유아기 때부터 부모와 책을 깊이 있게 읽는 습관이 있는 아이는 이런 질문에 자신의 생각을 말하는 게 어렵지 않다.

미니 토론 해보기

곰과 다람쥐가 같이 딸기를 먹다가 딸기 1개가 남았다. 서로 자기가 먹겠다고 싸움이 났다. 곰은 몸이 크니 자기가 더 먹어야 한다고 하고 다람쥐는 몸이 작으니 자기가 더 먹어야 한다고 한다. 우주와 읽은 그림책《Two For Me, One For You》에 나오는 내용이다. 이때 등장인물의 서로 다른 의견에 아이의 의견은 어떤지 질문하면서 읽어볼 수 있다.

"곰은 왜 자기가 딸기를 먹어야 한다고 말했어?"

"다람쥐는 왜 자기가 딸기를 먹어야 한다고 말했어?"

"누가 딸기를 먹어야 한다고 생각해?"

먼저 등장인물의 주장과 근거를 파악하고 어떤 의견에 동의하는지 부모와 아이가 각자 생각을 말해본다. 우주는 "곰이 먹어야 해. 몸이 크면 많이 먹어야 배가 불러. 아빠도 많이 먹어야 배가 부르잖아"라고 대답했다. 아이의 의견을 물어보는 과정에서 토론을 해볼 수 있다. 아이는 누구의 입장이 맞는지 근거를 말하며 논리적인 생각을 할 수 있게 된다.

독서 활동뿐만 아니라 생활 속에서도 아이에게 생각의 근거를 말하는 기회를 주면 좋다. 외식 메뉴를 정하거나 주말에 놀러 갈 장소를 정할 때 등 서로 다른 의견이 있다면 아이에게 '왜 그렇게 해야 하는지' 이유를 물어보자.

"피자 먹을래."

"엄마는 짜장면이 먹고 싶은데. 피자를 먹어야 하는 이유 세 가지 얘기해 봐."

"맛있으니까."

"또?"

"안 먹은 지 오래됐으니까."

"또?"

"음, 아빠랑 나랑 은하가 다 잘 먹으니까."

상대방을 설득하기 위해서는 떼를 쓰는 것이 아니라 예의를 갖춰 적절한 이유를 말해야 한다. 이렇게 자신의 생각을 설득시키는 경험을 하다 보면 무조건 떼를 쓰던 아이도 부모를 설득하기 위해 논리적인 근거를 찾아낼 수 있다. 또한 자신과 상대방의 의견을 비판적으로 듣는 능력까지 갖출 수 있다.

국어 교사 엄마가 알려주는 한글 놀이

"책을 많이 읽어주기만 했더니 알아서 한글을 뗐어요"라는 말을 종종 들어본 적이 있다. 빠른 아이들은 네 살부터 한글을 읽는다. 그런데 책을 많이 읽는다고 해서 한글을 무조건 일찍 떼는 것은 아니다. 우주 역시 책을 좋아하지만 글보다는 그림을 좋아해서 글자를 짚어주며 읽어줘도 '가'처럼 쉬운 글자조차 읽지 못했다. 그러다 우주가 여섯 살이 됐을 때 우주에게 한글을 가르쳐야겠다고 마음먹었다. 한글에 전혀 흥미가 없던 우주였는데 하루 10분 한글 놀이를 했더니 금방 한글을 읽게 됐다.

한글이든 영어든 언어를 배우는 데는 순서가 있다. 듣기 → 말하

두 배 쉬워지는 애 둘 육아 수업

기 → 읽기 → 쓰기 순서로 배우는 것이 일반적이다. 아기는 태어나서 오랫동안 모국어를 듣는다. 빠르면 두 돌 전후부터 단어나 짧은 문장으로 말을 시작한다. 모국어가 능숙해지면 문자에 관심을 가지는데, 이때 많은 부모가 아이에게 한글을 가르치기 위해 한글 학습지를 풀게 한다. 그런데 한글 학습지는 '읽기' 중심이 아니라 '쓰기' 중심이라 한글을 배우는 과정 중 가장 마지막 단계에 해야 한다. 만약 한글을 잘 읽지도 못하는 아이에게 한글 쓰기를 시킨다면 한글을 배우는 것을 재미없고 지루한 일이라 생각할 수 있다. 학습지로 교육적인 효과를 보기 위해서는 아이가 이미 잘 알고 있는 것을 점검하는 도구로 사용하는 것이 좋다. 그전까지는 구체물로 충분히 놀아주면서 한글을 익히는 방법이 훨씬 효과적이다. 학습지에 있는 글자를 10분 동안 쓰는 것보다 한글을 도구로 10분 동안 놀아주는 것이 재미도 있고 더 빨리 한글을 배울 수 있다.

우선 한글은 낱글자로 배워야 한다. '가방', '나비' 등의 단어를 하나의 그림으로 인식해서 외우면 '가', '방', '나', '비' 이렇게 분리해 제시할 경우 각 글자를 읽을 수 없다. 하지만 낱글자로 한글을 배우면 모음과 자음 각각의 소리를 배우고 이를 조합할 수 있기에 어떤 글자라도 쉽게 읽을 수 있다. 아이 스스로 한글을 깨친 경우에도 단어를 분리해 모음과 자음의 소리와 조합을 가르쳐야 한다. 다음은 우주에게 낱글자로 한글을 가르치기 위해 했던 놀이다.

먼저 모음과 자음을 구분하는 것이 우선이다. 이를 위해 '모음의

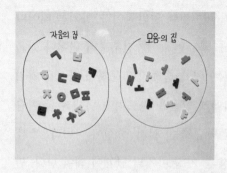

집'과 '자음의 집'을 자석 칠판에 크게 그린다. 그다음 한글 자석을 집 안 곳곳에 숨겨두고 보물찾기를 한다. "모음이랑 자음이 집에 가고 싶어 하네. 우리가 집에 갈 수 있게 찾아주자"라며 아이와 함께 한글 자석을 찾는다. "모음아, 자음아, 어서 와" 하면 아이는 더 열심히 찾으려고 한다. 아이가 한글 자석을 찾으면 자석 칠판에 그린 모음의 집에 모음을 붙이고, 자음의 집에 자음을 붙인다. 처음에는 모음과 자음을 잘 모르기 때문에 아이는 모음과 자음을 섞어서 붙일 것이다. 이때 아이 옆에서 "이렇게 생긴 건 모음이고 이렇게 생긴 건 자음이야"라며 모음과 자음을 알려준다. 이 놀이를 반복하면 모음과 자음을 알게 된다.

그다음에는 모음과 자음의 소리를 알려줘야 한다. '한글 낚시 놀이'로 낱글자의 소리를 배울 수 있다. 낚시는 대부분의 아이가 좋아하는 놀이라 한글 자석과 연계해서 놀아주면 재미있게 한글을 배운다. 우선 나무젓가락에 줄을 달아 자석을 붙인다. 그다음 한글 자석을 뒤집어서 바닥에 둔다. 아이

두 배 쉬워지는 애 둘 육아 수업

에게 '기역'을 찾아보라고 말하고 아이는 낚싯대로 자음 'ㄱ'을 잡는다. 이때 모음과 자음의 이름을 잘 아는 경우에는 소리로 퀴즈를 낸다. "'느' 찾아봐. 느느느"라든지 "'아' 찾아봐. 아아아" 이렇게 얘기해주면 아이는 틀리면서 배운다. 매일 5~10분 정도 해도 좋고 며칠에 한 번씩 심심해할 때마다 하면 아이가 모음과 자음의 소리를 금방 익힌다. 낱글자의 소리를 어느 정도 익혔으면 바닥에 통글자를 조합해서 두고 통글자를 잡게 해본다. 받침 없는 글자인 '가', '모', '버' 같이 쉬운 글자로 시작한다.

낚시 놀이로 낱글자의 소리와 간단한 조합을 익히면 글밥이 적은 보드북을 읽으며 아이가 읽을 수 있는 글자를 읽어본다. 어려워 보이는 글자보다 아이가 읽을 수 있는 받침 없는 글자를 짚어주며 읽어보게 한다. 한글을 읽을 수 있다는 사실은 아이에게 읽기 자신감을 심어줄 수 있다. 이 단계에서는 글을 읽을 때 손으로 글자를 짚어가며 읽어줘야 하는데 '가'를 '그아'라고 읽어줘 낱글자의 조합 과정을 알 수 있게 해준다. 이미 낱글자 소리를 알고 있는 아이는 이 과정을 통해 낱글자의 조합 방법을 배울 수 있다. 받침 없는 글자에 어느 정도 익숙해지면 받침이 있는 글자를 읽어준다. 역시 '그아악, 각' 이렇게 낱글자를 조합할 수 있도록 읽어주는 게 좋다.

아이와 한글로 놀아주다 보면 자연스럽게 한글을 읽게 된다. 읽을 수 있는 글자가 늘어나면 스스로 한글을 읽고 싶어 한다. 길가에 있는 간판이나 책 제목, 전단지에 있는 글자 등 아는 글자는 전부 읽으려고 한다. 이때 아이가 좋아하는 캐릭터 낱말 카드를 만들어주면 아이는 낱말 카드를 읽다가 나중에는 쓰고 싶어 한다. 거실 책상 위에 흰 종이와 낱말 카드, 연필을 두면 자고 일어나서, 놀다가, 심심할 때 한 번씩 낱말 카드에 있는 글자를 쓰기 시작한다. 아이가 기꺼이 한글을 쓰고 싶어 할 때가 바로 한글 쓰기를 시작할 때다.

두 배 쉬워지는 애 둘 육아 수업

유아 영어

영어 영상이면 다 ok?

> ### 엄마표 영어의 부작용

나는 우주가 태어나자마자 엄마표 영어에 심취해 있었다. 언니는 조카 두 명을 엄마표 영어로 키웠다. 첫째 조카는 꾸준하게 영어에 노출한 덕에 네 살에 영어책을 읽고 영어로 발화를 시작했고 다섯 살에는 영어 유치원에 갈 필요가 없을 정도로 영어 실력이 늘었다. 여섯 살부터는 원어민과 자유롭게 대화할 수 있었고 여덟 살에는 엄마표 영어를 하는 엄마들의 로망인 《해리 포터》를 원서로 읽었다. 나 또한 언니의 영향을 받아 엄마표 영어로 유명한 육아서를 읽고 아이들에게 영어 노출을 일찍 시작했다. 열정적으로 하지는 못했지만 매일 영상을 보여주고 영어 원서를 읽어주고 영어 음원을 틀어놨다. 덕분에 우주는 제법 긴 글밥의 영어 원서를 읽어줘도 내용 대부분을 이해하고 영어 영상 역시 스토리를 따라가며 본다.

하지만 엄마표 영어를 4년 동안 해보며 느낀 점은 드러난 장점 뒤에는 '과도한 영상 노출'이라는 단점이 숨겨져 있다는 것이다. 엄마표 영어를 하다 보면 영어책보다는 영어 영상이 주가 되는 경우가 많다. 영어책을 읽어주는 것보다 영어 영상을 보여주는 것이 훨씬 쉽고 편하기 때문이다. 엄마표 영어 전문가마다 의견이 다르지만 대부분 영상 노출을 강조하고 노출 시간에는 크게 신경 쓰지 않는다. 어떤 사람은 두세 돌 아이에게 매일 1~2시간 영상 노출을 하는 것도 문제없다고 말한다. 심지어 아이가 잘 본다면 어떤 영상이든 보여줘도 된다고 주장하기도 한다.

실제로 나는 1~2년 동안 우주가 좋아하는 영상을 찾아 헤매며 하루에 1시간씩 꾸준히 영어 영상을 보여줬다. 처음에는 정적이고 순한 영상으로 시작했지만 1년 동안 비슷한 영상을 시청하던 우주는 영어 영상을 거부하기 시작했다. 어떻게든 영어 영상을 보여주고 싶었던 나는 자극적이고 화려한 영상을 찾기 시작했다. 아이를 화면 앞에 앉히기 위해서였다. 평소에 보던 영상과 달리 자극적인 영상에 시선을 빼앗긴 우주는 다시 영어 영상을 잘 봤지만 또다시 새로운 영상을 찾아달라고 했다. 1년 동안 이런 상황이 반복됐다.

두 배 쉬워지는 애 둘 육아 수업

넷플릭스, 디즈니플러스를 구독하며 재밌고 자극적이며 화려한 영상은 전부 찾아 영어로 보여줬다.

1년이 지나고 나서야 깨달았다. 우주는 영어를 들은 게 아니라 화려한 영상을 보고 있었다는 것을. 우주는 이미 나이에 맞지 않는 자극적인 영상에 중독돼 있었다. 한 번 본 영상은 절대 보려 하지 않았고 매일 새로운 영상을 찾았다. 또한 화면 전환이 빠르고 그래픽이 뛰어난 영상만 보려고 하고 조금이라도 지루하면 다른 영상을 찾아달라고 했다. 영어 영상이면 뭐든지 괜찮다고 제한을 풀어버린 것에 대한 부작용이었다. 물론 영어에 도움이 되는 부분이 전혀 없었던 것은 아니다. 하지만 영어를 가르치기 위해 어린아이에게 화려한 영상을 매일 1시간 이상 보게 하는 일은 득보다 실이 많다. 영어로 된 영상이라는 이유로 월령에 맞지 않는 수준과 시간을 허용하는 일은 좀 더 신중하게 접근할 필요가 있다.

언어는 소통으로 배우는 것

엄마표 영어를 성공한 사람들을 보면 '영알못 엄마'도 가능하다는 점을 장점으로 내세운다. 하지만 소통이 빠진 영어 노출은 성공하기 어렵다. 영상 노출이 주가 된 엄마표 영어는 결국 영어 영상 시청만 즐거워하는 아이만 남게 된다.

엄마표 영어의 핵심은 영상 노출이 아니라 영어로 소통하는 것
이다. 언어는 소통으로 배우는 것이지 일방향적인 미디어로 배우는
것이 아니다. 영어 역시 모국어를 배우듯 일상생활에서 영어로 대
화하고 행동으로 보여줄 때 배움이 일어난다. 그런 점에서 우리말
그림책을 읽는 것처럼 쉬운 영어 그림책을 많이 읽어주는 것이 아
주 중요하다. 아이에게 책을 읽어줄 때는 자연스럽게 소통이 이루
어지기 때문이다. 엄마, 아빠와 함께 읽었던 책을 다시 영상으로 볼
때 유의미한 영상 시청이 가능해진다. 그러므로 어린아이에게 영어
영상을 1~2시간씩 틀어주기보다는 일상생활에서 영어로 말을 건
네고 영어 그림책을 반복해서 읽어주는 방법이 좋다. 영상 노출이
아무리 효과가 좋다고 해도 너무 어린 시기에 영상을 과도하게 보
여주지 말자. 효율을 따지기에는 아직 너무 어린 시기다.

제일 중요한 건 '반복'

아기는 "엄마"라는 말을 수도 없이 들으면서 엄마의 의미를 이해
한다. "배고파? 밥 줄까?" 하고 말하고 밥을 차려주는 수많은 날이
반복돼야 아이는 그 말을 이해할 수 있다. 특히 영유아기 아이들은
반복 학습을 좋아한다. 봤던 책을 보고 또 보고 좋아하는 영상만 계
속해서 보고 싶어 한다. 아이 스스로 학습에 유리한 행동을 하는 것

이다. 그러므로 아이가 좋아하는 영어책이나 영어 영상을 반복해서 보려고 한다면 박수 치며 환영해야 한다. 아이가 지루해할 것이란 걱정은 하지 않아도 된다. 은하는《what color is it?》이란 책을 10개월부터 시작해서 20개월까지 즐겨봤다. 덕분에 첫 영어 발화가 "윗컬러이싯"이었다. 뿐만 아니라 책에 나오는 색깔을 다 외웠고 그림으로 나온 단어도 모두 말할 수 있게 됐다. 우주는《brown bear》시리즈를 거의 6개월 동안 봤는데 책 네 권을 모두 외워서 불렀고 그 안에 나오는 색깔과 동물의 이름을 전부 기억했다. 반복한다는 건 곧 몰입한다는 뜻이다.

반면 우주는 다섯 살이 되면서 반복을 더 이상 좋아하지 않게 됐다. 그때부터 우주는 한 번 읽은 책은 절대 보지 않고, 한 번 본 영상도 절대 보지 않았다. 물론 반복을 좋아하지 않는 아이에게 반복을 강요할 수는 없는 일이다. 하지만 책은 아이가 원하는 것을 보여주되 영상은 아이에게 모든 선택권을 넘기지 말아야 한다. 영상물은 최대한 보수적으로 접근해야 해야 하기 때문이다. 영상은 책보다 훨씬 자극적인 매체다. 영상을 매일 바꾸다 보면 자연스럽게 더 자극적인 쪽으로 흘러간다. 화려하고 전개가 빠른 영상은 등장인물의 대사도 빠르고 복잡하다. 그런 영상을 보다 보면 영어를 듣는 것이 아니라 화려한 화면만 보게 될 가능성이 크다. 그러므로 영어 영상이라는 이유로 아이 수준에 맞지 않는 자극적이고 화려한 영상을 보여주지 말자. 영상의 선택권은 부모에게 있다. 부모가 정한 영상 중에서 아이가 보고 싶은 것을 반복해서 보게 해야 영상 노출의 부작용을 막고 올바른 영어 영상 환경을 만들 수 있다. 엄마표 영어를 성공하기 위해서는 영어 영상, 영어 그림책에 나오는 대사나 문장을 외울 정도로 반복해서 듣고 일상에서 활용할 수 있어야 한다.

"영어 영상을 보여주고 들려주기만 했더니 아이가 영어를 이렇게나 잘한다"라고 성공담을 말하는 사람을 종종 볼 수 있다. 하지만 성공한 사람 뒤에는 실패한 사람의 이야기도 많다. 세상에 모습을 드러내지 않았을 뿐이다. 영상을 보여주고, 그림책을 읽어주고, 음원을 틀어놓기만 하면 된다는 엄마표 영어는 생각보다 쉽지 않다. 엄마표 영어는 영어를 사용해 부모와 소통하는 것이지 영어 영상을 보여주는 것이 다가 아니다.

영어 거부에 대처하는 법

처음부터 영어를 거부하는 경우

아이에게 자연스럽게 영어를 노출하는 방법은 어려서부터 한글 그림책이나 영어 그림책을 구분 없이 읽어주는 것이다. 아주 어린 시기부터 영어 그림책을 읽어주면 한글 그림책을 좋아하듯 영어 그림책 역시 좋아하게 된다. 아이는 부모와 재미있게 읽은 책이면 영어든 한글이든 상관없이 자주 읽고 싶어 하기 때문이다. 영어 영상 노출은 천천히 하는 것이 좋지만 영어 그림책을 읽거나 영어 동요를 틀어주는 것은 일찍 시작하는 게 좋다. 일찍 노출시켜야 아이가 영어를 거부하지 않는다. 12개월 전 영아기 때는 모국어가 많이 발달하지 않아 영어든 모국어든 큰 차이 없이 받아들일 수 있다. 만약 모국어가 어느 정도 발달할 때까지 한글 그림책만 읽어주다가 갑자기 영어 그림책을 읽어주면 낯설기도 하고 무슨 뜻인지 알아듣기 어려워 책을 덮어버릴 수 있다. 24개월 정도만 돼도 한글 그림책에 나오는 우리말을 어느 정도 이해하기 때문에 영어 그림책은 낯설게 느껴진다. 이 시기에 영어를 거부하는 아이에게는 아이 취향에 맞는 영어 그림책을 보여주면 도움이 된다. 아이가 관심 있어 하는 그림이 나오는 책, 조작이 가능한 보드북, 영어 음원이 함께 있는 영어 그림책 세 가지가 해당된다.

한글 그림책이든 영어 그림책이든 아이가 책을 덮어버린다면 아이가 좋아하는 그림이 나오지 않는 책일 가능성이 크다. 이런 경우에는 아이가 요즘 어떤 것을 좋아하는지 잘 관찰해야 한다. 우주는 어릴 때 바다 동물과 과일, 가족이 나오는 그림책을 좋아했고 은하는 과일과 자동차가 나오는 그림책을 좋아했다. 그래서 아이들에게 영어 그림책을 보여줄 때는 항상 이런 그림이 나오는 책을 찾아서 보여줬다. 그러면 모국어로 된 책이 아니더라도 그림을 보기 위해서 책을 끝까지 보게 된다. 이때 영어로 실감 나고 재미있게 읽어주면 아이가 자주 찾고 읽어달라고 할 수 있다. 특히 어린아이는 이야기가 있는 책보다는 영어 단어로 돼 있는 책을 보여주면 직관적으로 영어 단어를 배울 수 있다. 그런 점에서 영어 전집을 사는 것보다 아이 취향의 영어 그림책을 한 권씩 사는 것이 좋다. 영어 전집은 가격이 비싸고 전집에 있는 책 중 아이가 좋아하는 책은 정작 몇 권이 되지 않기 때문이다.

또한 좋아하는 그림이 나오지 않더라도 《bizzy bear》 같은 조작 가능한 보드북이나 소리가 나는 사운드북을 보여주면 영어 그림책을 거부하지 않고 잘 본다. 보드북은 손으로 움직일 수 있고 찍찍이를 뗐다 붙였다 할 수 있어 아이가 장난감처럼 가지고 놀 수 있다. 사운드북 역시 책을 펼쳤다 닫으면 영어가 나오고 누르면 영어 문장이나 노래가 흘러나와 영어에 자연스럽게 접근하기 좋다.

영어 음원이 있는 영어 그림책도 활용해 보자. 마더구스나 영어 동요가 함께 있는 영어 그림책은 노래를 좋아하는 유아기에 보여주기에 적합하다. 영어 그림책을 보여주기 전에 영어 동요를 자주 틀어주며 익숙해지도록 한 뒤 영어 그림책을 펼쳐놓고 부모가 옆에서 노래를 불러주면 아이가 관심을 가진다. 'baa baa black sheep', 'twinkle twinkle little star', 'the wheels on the bus' 등의 노래는 아이들이 쉽게 따라 부를 수 있는 마더구스다. 영어 그림책을 보면서 마더구스를 함께 부르다 보면 노래 속에 나오는 표현을 자연스럽게 익히게 될 것이다.

갑자기 영어를 거부하는 경우

영어 노출을 꽤 오랜 시간 했음에도 불구하고 갑자기 영어를 거부하는 경우도 있다. 특히 5~6세의 아이들에게 흔히 있는 일이다. 우주 역시 12개월 전부터 영어 그림책과 동요로 영어 노출을 해서 별다른 거부감이 없었지만 다섯 살에 접어들면서 영어 그림책과 영어 영상을 거부하기 시작했다. 이 시기에는 모국어 실력이 늘면서 아이가 보는 한글 그림책도 수준이 높아진다. 흥미진진한 이야기가 있는 한글 그림책을 읽다 보면 간단한 대화나 상황 묘사만 있는 영어 그림책이 시시하게 느껴진다. 대부분 이해가 되는 한글 그림책과 달리 이야기가 있는 영어 그림책은 쉽게 이해가 되지 않아 재미를 느끼기 어려울 수 있다. 이 시기에는 부모가 아이 취향의 영어 그림책을 찾는 데 노력을 기울여야 한다. 똥, 방구가 나오는 웃긴 책이나 반전이 있는 내용, 상황 자체가 우스꽝스러운 그림책을 찾아서 보여주면 영어 그림책이라도 흥미롭게 읽을 수 있다.

또한 아이가 좋아하는 캐릭터가 나오는 그림책을 찾아서 보여주는 것도 좋다. 우주는 영웅이 악당을 물리치는 이야기를 좋아했는데 어벤져스나 파자마 삼총사(pj masks)가 나오는 리더스북은 한글책을 제쳐두고 읽고 싶어 했다. 또 전래동화와 세계 명작을 좋아하는 우주를 위해 세계 명작 영어 그림책(《세계 명작 영어 동화》 삼성)을 보여주니 이미 한글 그림책으로 읽은 내용이어서 영어 책도 좋아했다.

영어 영상이 함께 있는 영어 그림책을 활용하는 것도 좋은 방법이다. 영어 원서 중에는 영어 영상이 같이 있는 책들이 꽤 있다. 영어 영상이 없어도 유튜브에 'read aloud'라고 검색하면 영어 원서를 재미있게 읽어주는 채널이 많다. 영상으로 먼저 보여주고 잠자리 독서 시간이나 간식 시간에 영상으로 봤던 영어 그림책을 읽어주면 더욱 재미있게 볼 수 있다. 또한 좋아하는 영어 애니메이션이 책으로 나온 것도 많다. 이미 애니메이션으로 재미있게 보았기에 등장인물이나 내용을 알고 있어 더 이해하기 쉽고 친근하게 느낄 수 있다.

아이에게 영어를 노출시키다 보면 영어를 거부하는 시기가 수시로 찾아온다. 이때 영어를 강요하면 거부감만 심화시킬 수 있다. 강요 없이 영어 그림책을 보게 하는 방법은 결국 아이 취향을 파악하는 것이다. 아이가 요즘 무엇을 좋아하는지 관찰하고 아이 취향에 맞는 그림책을 찾아서 보여주는 것이 엄마표 영어의 핵심이다.

순한 맛 영상 노출법

> ### 단어부터 익히고 스토리로

아이에게 영어 영상을 처음 보여준다면 어떤 걸 먼저 보여줘야 할지 막막하게만 느껴진다. 영어로 된 영상이면 다 괜찮다고 생각해서 뽀로로나 타요, 핑크퐁 등 아이가 좋아하는 영상으로 시작하기도 한다. 또는 까이유나 페파피그 등 순하기로 유명한 영상으로 시작하는 경우도 많다. 하지만 처음 영어를 접하는 아이의 경우, 전자는 우리나라에서 만든 영상이라 영어권 문화를 배우기에 적합하지 않고 화려하다는 단점이 있다. 후자는 영어 단어를 전혀 모르는 아이에게는 어려울 수 있다.

처음 영어 영상을 보여준다면 단어를 직관적으로 배울 수 있고 화면 전환이 빠르지 않은 '슈퍼 심플 송super simple songs'을 추천한다. 슈퍼 심플 송은 영어 노래로 단어를 쉽게 배울 수 있다. 몇 번 보지 않았는데도 아이는 'clap clap' 부분에서 박수를 치고 'stomp stomp' 부분에서 발을 구를 것이다. 'red light stop, green light go' 영상에는 빨간 불이 나오고 'red light'란 단어가 나온다. 그리고 'stop'이 나오면 사람들이 멈춘다. 영상 한 편으로 red light, green light, stop, go를 배울 수 있다. 불필요한 화면 전환이 없고 이미지도 화려하지 않고 직관적이다. 화려한 영상과 달리 아이가 영상에 집착하거나 중독되지 않는다. 또한 슈퍼 심플 송만 2~3년 동안 봐도 될 만큼 콘텐츠도 다양하다. 아이가 영어 노래를 좋아한다면 슈퍼 심플 송을 하루 20~30분씩 꾸준히 보여주며 단어 벽돌을 차곡차곡 쌓아가면 좋다.

아이가 대여섯 살이 되면 노래만 나오는 영상을 지루하게 느낀다. 슈퍼 심플 송을 오랫동안 봤다면 단어를 꽤 많이 알게 돼 이야기가 있는 영상도 어느 정도 이해할 수 있다. 이때 까이유나 페파피그 등 이야기가 있는 순한 영상을 보여준다. 아이가 좋아한다는 이유로 자극적이고 화려한 영상을 보여주지는 말자. 아이 개월 수에 맞지 않는 자극적인 영상을 보기 시작하면 순한 영상으로 돌아오기 어렵다.

유튜브로 보여주지 말 것

유튜브로 영상을 보여주면 유튜브 알고리즘 때문에 부모의 계획대로 영상을 보여주기 어렵다. 학령기의 아이도 마찬가지지만 특히 유아기에는 영상 노출을 최대한 보수적으로 해야 한다. 슈퍼 심플 송이나 까이유만 보여주려고 해도 알고리즘은 현재 시청 중인 영상과 관련 있는 다른 영상을 계속 추천해 준다. 부모가 틀어준 영상을 보던 아이가 다른 영상의 존재를 알게 되면 새로운 영상을 보고 싶어 한다. 넷플릭스도 마찬가지다. 넷플릭스는 내가 검색한 영상 외에도 관련 있는 다양한 영상이 함께 뜬다. 그러므로 영상을 보여줄 때는 유튜브나 넷플릭스로 보여주지 않는 게 좋다. 영어 영상을 보여주기 위한 가장 적합한 방법은 DVD플레이어다. DVD플레이어에 DVD를 넣고 정해진 영상을 반복해서 보는 것이 제일 좋다. 하지만 DVD플레이어로 보여주면 영어 영상을 바꿀 때마다 DVD를 구입해야 하기에 가격 부담이 크다는 단점이 있다. 그래서 유튜브에서 몇 개의 영상을 다운받아서 해당 영상을 반복해서 보여주는 것이 경제적으로 부담도 덜 하고 안전하게 시청할 수 있는 방법이다. 또한 유튜브 키즈 어플을 다운받아 '제한된 시청'을 할 수도 있다. 제한된 시청은 부모가 선택한 영상만 볼 수 있게 하는 것이다. 유튜브 키즈에 영상을 넣을 때는 너무 많은 목록을 넣지 않도록 한다. 선택지가 많으면 반복 시청이 어렵다. 영상을 최소한으로 넣어서 반복해서 보고 충분히 시청한 이후에 영상 목록을 바꿔주는 것이 좋다. 이때 부모가 아이 옆에서 영상을 같이 보는 것이 중요하다.

현명하고 안전하게 영상을 보여주는 어플

나는 영어 학습 어플에 부정적인 사람이었다. 하지만 영어 노출 환경을 위해 영상을 하루 1~2시간씩 시청하는 것보다 영어 학습 어플로 하루 10~20분 정도 유의미하게 노출하는 것이 더 현명한 방법일 수 있다. 우주가 하는 영어 학습 어플은 '토도영어'다. 토도영어는 알파벳과 파닉스 게임, 교육용 영어 영상, 영어 그림책, 퀴즈를 통해 영어를 배우는 학습 어플이다. A부터 Z까지 단계별로 돼 있는데 각 단계가 촘촘하게 나뉘어져 있고 비슷한 내용이 반복적으로 나와 매일 하다 보면 자연스럽게 영어를 배우고 읽을 수 있다. 말하기와 쓰기도 가끔 나오지만 대부분 듣기와 읽기를 중점적으로 다

루고 있다. 우주에게 1시간씩 영어 영상을 보여줄 때는 영상 시청의 부작용 때문에 걱정됐는데 영어 영상 시청을 줄이고 토도영어를 시작한 이후로는 그런 걱정을 덜 수 있었다.

만약 아이가 자극적인 영상에 노출되지 않았다면 VOOKS나 리틀팍스, 칸 아카데미 키즈Khan academy kids 같은 어플로 첫 영상을 시도해 보는 것을 추천한다. 유튜브에 있는 영상보다 훨씬 교육적이고 자극적이지 않아 첫 영상으로 보여주기에 좋다. VOOKS는 영어 원서를 애니메이션으로 만든 어플이다. 400권 이상의 영어 원서가 들어 있어 책과 함께 보여주면 더 효과적이다. 영상이지만 책을 기반으로 하기에 내용이 복잡하지 않고 화면 전환이 적다. VOOKS에 나오는 영상 중 아이가 좋아하는 책을 사면 실패 없이 영어책을 구입할 수 있다.

리틀팍스는 1~9단계까지 나뉘어져 있는 영어 영상 어플이다. 원어민을 대상으로 만든 영상이 아니라 한국인을 대상으로 만든 영상이라 문장이 쉽고 아이 수준과 취향에 맞는 영상을 선택할 수 있다. 특히 유튜브에 있는 영어 영상을 잘 이해하지 못하는 아이에게 보여주기에 좋다. 또한 영상이 빠르게 전환되지 않아서 책처럼 잔잔하다.

칸 아카데미 키즈는 슈퍼 심플 송과 컬래버레이션한 무료 어플이다. 앞의 세 가지 어플은 모두 유료인데 칸 아카데미 키즈는 무료라는 장점이 있다. 슈퍼 심플 송 영상을 기반으로 했고 영상 시청 후

두 배 쉬워지는 애 둘 육아 수업

퀴즈를 풀어볼 수도 있다. 영어 영상뿐만 아니라 픽션, 논픽션 영어 책, 파닉스 게임 그리고 숫자, 연산, 시계 등 영어로 수학 학습도 할 수 있다. 콘텐츠가 다양하고 난이도별로 나뉘어져 있어 토도영어와 유사한 점이 많다.

이처럼 유튜브나 넷플릭스 영상 외에도 교육용 영어 학습 어플로도 영상을 보여줄 수 있다. 무분별하고 규칙 없는 영어 영상보다 양질의 교육용 콘텐츠가 있는 영어 학습 어플로 영어를 노출하는 것이 더 안전하고 현명할 방법일 수 있다. 영어 영상을 정해진 시간만큼 꼭 보여줘야 한다는 고정관념에서 벗어나 우리 집 환경과 아이에게 맞는 방법으로 영어에 노출시키는 것을 추천한다.

유아 수학

다섯 살에 연산에 빠지게 된 비결

"12 더하기 15는?"

"15 더하기 14는?"

우주는 다섯 살이 되자 연산에 관심을 가지기 시작했다. 차를 타고 이동할 때나 밥을 먹을 때 나와 함께 연산 퀴즈를 내는 것이 취미가 됐다. 사실 우주는 세 돌이 되기 전에는 숫자에 전혀 관심이 없었다. 1부터 10까지 겨우 셀 줄 아는 정도였다. 그런데 세 돌이 지나면서 숫자에 관심을 가지더니 다섯 살부터는 연산을 시작했다. 여섯 살인 지금은 '125 더하기 134'처럼 세 자릿수 더하기나 '25 더하기 8'처럼 받아올림이 있는 두 자릿수와 한 자릿수 더하기도 할 줄 안

두 배 쉬워지는 애 둘 육아 수업

다. 우주가 이렇게 숫자와 연산을 즐기는 아이가 된 데는 몇 가지 비결이 있다.

숫자를 자주 노출해 주기

아이가 숫자에 관심이 없거나 잘 모르더라도 시간이나 날짜, 수량 등 일상생활에서 숫자를 자연스럽게 노출해 준다. 등원할 때는 "어서 가자. 어린이집 갈 시간이야" 하고 자러 갈 때는 "이제 밤이야. 자러 가야 해"라고 하기보다 "벌써 9시 반이네. 어서 어린이집 가자". "밤 9시야. 이제 잘 시간이야"라고 시간을 구체적으로 알려주면 아이는 자연스럽게 시계에 익숙해진다. "오늘은 4월 3일이네. 주말이라 어린이집 안 가는 날이네." 이렇게 말하다 보면 어느새 달력에 관심을 가지고 달력을 읽을 수 있게 된다. 아이의 나이와 엄마, 아빠, 할머니, 할아버지의 나이를 알려주거나 아파트 동호수를 알려주는 것 역시 마찬가지다. 잘 모르는 개념도 자주 듣고 사용하다 보면 익숙해진다. 처음 듣는 생소한 개념을 배우는 것보다 많이 들어본 개념을 배울 때 그 맥락을 이해하게 돼 쉽게 받아들일 수 있다. 은하는 우주가 숫자에 관심이 많다 보니 수 개념을 일찍 접하게 됐다. 아직 세 돌도 되지 않았는데 형이 하는 말을 따라 하며 "삼백오십칠"이라든지 "9시 35분"처럼 구체적인 숫자를 말하곤 한다. 숫자를 좋아하게 하려면 숫자에 관심이 생겨야 하고, 숫자에 관심이 생기려면 숫자를 자주 보여줘야 한다.

너무 유익한 넘버블럭스

내가 우주에게 보여준 영상 중 최고의 영상은 바로 '넘버블럭스'다. 우주가 넘버블럭스에 빠진 뒤로 숫자와 연산을 사랑하게 됐다. 나는 우주에게 한 번도 연산을 가르쳐준 적이 없다. 그만큼 우주가 연산을 배우게 된 건 넘버블럭스의 공이 크다. 숫자와 연산을 직관적으로 가르쳐주고 싶다면 꼭 넘버블럭스를 보여주는 것을 추천한다. 단, 아이가 넘버블럭스에 관심을 가지기 위해서는 넘버블럭스보다 더 화려하고 재밌는 영상을 보여주지 않아야 한다.

넘버블럭스에는 숫자 블록이 나오는데 캐릭터별로 특징이 있다. 처음 우주에게 넘버블럭스를 보여줬을 때는 재미없다며 싫어했다. 그런데 넘버블럭스 중 옥토블록(8블록)이 나오는 에피소드를 본 이후로 우주는 옥토블록에 푹 빠졌고 그날 이후로 우주가 가장 좋아하는 영상이 됐다. 넘버블럭스에 나오는 숫자 블록들은 서로 모이고 흩어지면서 연산을 한다. 1과 2가 만나 3이 됐다가 다시 1과 2로 분리된다. 또 2와 2가 만나 4가 됐다가 1과 3으로 분리되기도 한다. 자유자재로 숫자 블록이 만났다가 떨어지는데 그 안에 캐릭터별

　　　　　　두 배 쉬워지는 애 둘 육아 수업

특징과 이야기가 담겨 있다. 덧셈 뺄셈뿐만 아니라 곱셈, 나눗셈, 분수 개념까지 나와서 너무 어릴 때 보여주기보다는 5~8세 정도에 보여주면 내용을 깊이 있게 이해하기에 더 효과적이다.

넘버블럭스의 효과를 극대화하기 위해서 넘버블럭스 블록을 구입하면 좋다. 인터넷에 '넘버블럭스 블록'이라고 검색하면 영상 속 넘버블럭과 똑같이 생긴 숫자 블록이 나온다. 이 교구를 구입해서 아이에게 주면 넘버블럭스에 더욱 흥미를 갖게 될 것이다.

1부터 100까지, 수백판

수백판은 숫자 1에서 100을 쉽고 재미있게 배울 수 있는 교구다. 우주가 다섯 살이 되면서 수백판에 흥미를 붙여 하루에 한 번씩 수백판을 맞추고 놀았다. 그전까지는 1부터 100까지 말도 할 수 없었는데 수백판을 가지고 놀더니 숫자의 순서를 알게 됐고 숫자를 읽을 수 있게 됐다. 물론 처음에는 수백판을 혼자 맞추는 게 어렵다.

그러므로 1부터 10까지 아이 옆에 두고 순서대로 놓게 한 뒤 그다음 11부터 20까지, 21부터 30까지 나눠서 맞춰나가도록 한다. 아이가 쉽게 찾을 수 있도록 부모가 옆에서 도와줘야 싫증 내지 않는다. 수백판에 재미를 붙이면 나중에는 혼자서 1부터 100까지 맞추면서 놀 수 있다.

순서대로 숫자를 나열하고 나면 100부터 1까지 뒤에서 앞으로 놓게 하거나 1, 2, 3 순서가 아닌 1, 11, 21, 31, 41처럼 세로로 나열해 보게 한다. 또한 1부터 100까지 숫자를 전부 채워놓은 다음 중간중간 숫자를 빼놓고 빈칸에 들어갈 숫자를 맞춰보며 놀 수도 있다. 수백판 덕분에 우주는 1부터 100까지 순서와 규칙을 이해하고 이를 바탕으로 100 이상의 숫자로 개념을 확장할 수 있었다.

그런데 100까지 읽을 수 있다고 해서 100까지 안다고 할 수는 없다. 왜냐하면 숫자를 안다는 것은 수와 양을 일치시킬 줄 알아야 하기 때문이다. 은하의 경우 1부터 20까지 셀 수 있지만 블록 5개를 보여주고 "이건 몇 개야?"라고 물어보면 "5개"라고 바로 답하지 못한다. 왜냐하면 5라는 숫자의 양을 알지 못하기 때문이다. 마찬가지로 85라는 숫자를 읽을 수 있는 아이가 85를 제대로 이해하기 위해서는 85의 순서를 아는 것뿐만 아니라 그 숫자의 양을 알고 있어야

두 배 쉬워지는 애 둘 육아 수업

한다. 숫자의 양을 알기 위해서는 구체물로 양을 세는 연습이 도움이 된다. 수 블록처럼 구체물을 가지고 놀면서 숫자가 가지고 있는 양을 눈으로 직접 확인하는 과정이 필요하다. 손가락으로 짚으면서 세거나 블록을 하나씩 옮기면서 숫자를 세는 놀이를 하다 보면 수에 해당하는 양을 이해하게 된다.

연결수모형 교구로 자릿수 이해하기

연결수모형은 초등학교 교과서에 등장하는 수 교구다. 서로 다른 색깔로 된 1000모형과 100모형, 10모형, 1모형을 가지고 놀면서 숫자의 양을 파악하고 자릿수까지 배울 수 있다. 우주는 세 자릿수 연산을 할 줄 몰랐는데 연결수모형 교구를 가지고 논 이후로 자릿수를 이해하게 돼 세 자릿수 연산을 할 수 있게 됐다. 예를 들어 126은 100이 1개, 10이 2개, 1이 6개로 이루어진 숫자다. 하지만 자릿수를 알지 못하는 아이는 126을 1과 2 그리고 6이 모인 숫자로 생각한다. 연산을 기계적으로 하는 아이도 126+13에서 1을 내려쓰고, 2와 1을 더해

서 내려쓰고, 6과 3을 더해서 내려쓴다. 하지만 자릿수 개념을 제대로 알고 있다면 100이 1개, 20+10, 즉 10이 3개, 6+3, 즉 1이 9개라는 것을 이해한다. 자릿수를 숫자로 배우는 건 어렵다. 하지만 구체물인 연결수모형으로 126과 13을 직접 만들면 쉽게 이해할 수 있다. 100모형 1개와 10모형 2개, 1모형 6개를 모아 126을 만들고, 10모형 1개, 1모형 3개를 모아 13을 만든 후 합쳐보는 것이다. 이렇게 연결수모형 교구로 숫자를 만들면 134+123처럼 세 자릿수 더하기 세 자릿수를 풀 수 있게 된다. 우주에게 이 문제를 내면 "100이 2개고 30이랑 20을 더하고 4랑 3을 더하면 257"이라고 답한다. 이 계산 과정은 자릿수 개념을 정확하게 이해하고 푼 것이다. 반면 자릿수를 이해하지 못하면 1을 100이라고 인지하지 못하고 1+1, 3+2, 4+3으로 계산한다.

일상생활에서 숫자를 자주 알려주고 수 교구로 아이와 놀다 보면 따로 학습지를 하지 않아도 자연스럽게 초등 준비까지 할 수 있다. 수백만 원짜리 수학 교구 없이도 수 감각을 갖추고 숫자를 좋아하는 아이가 될 수 있다.

유아 학습에 있어서 가장 중요한 건 얼마나 많이 아는지가 아니라 얼마나 즐겁게 배웠는가다. 이 시기에 한글을 일찍 떼고 영어를 유창하게 하고 연산을 잘하는 것은 그다지 중요하지 않다. 즐겁게 배운 아이들은 긍정적인 공부 정서를 가지지만 억지로 배운 아이들

두 배 쉬워지는 애 둘 육아 수업

은 공부는 잘하더라도 부정적인 공부 정서를 가진다. 긍정적인 공부 정서가 있으면 아이들은 쉽게 몰입하고 금방 배운다. 유아 학습을 엄마표로 진행할 때 가장 좋은 점은 내 아이에게 맞출 수 있다는 점이다. 아이의 흥미와 취향, 기질을 고려해 아이의 속도대로 발맞춰나가는 현명한 부모가 됐으면 한다.

부모로서 내가 잘하고 있는 것들

오늘도 수고한 나를 응원하는 마음으로 써보세요.

나의 아이에게 해주고 싶은 예쁜 말

마음 속에만 담아두고 전하지 못한 사랑의 말을 써보세요.

두 배 쉬워지는
애둘 육아 수업

초판 1쇄 인쇄 2024년 7월 3일
초판 1쇄 발행 2024년 7월 31일

지은이　　이윤희
펴낸이　　이새봄
펴낸곳　　래디시

교정교열　김민영
디자인　　어나더페이퍼

출판등록　제2022-000313호
주소　　　서울시 마포구 월드컵북로 400, 5층 21호
연락처　　010-5359-7929
이메일　　radish@radishbooks.co.kr
인스타그램　instagram.com/radish_books

ⓒ 이윤희, 2024
ISBN 979-11-93406-01-4 (13590)

'래디시'는 독자의 삶의 뿌리를 단단하게 하는 유익한 책을 만듭니다.
같은 마음을 담은 알찬 내용의 원고를 기다리고 있습니다.
기획 의도와 간단한 개요를 연락처와 함께 radish@radishbooks.co.kr로 보내주시기 바랍니다.